中国工程科技论坛

先进制药技术发展
Xianjin Zhiyao Jishu Fazhan

高等教育出版社·北京

内容提要

本书汇聚了我国化学药、生物药、中药三大领域的专家学者,在以"先进制药技术发展"为主题的第 201 场中国工程科技论坛上做的最新学术研究成果报告,系统地总结了国内外先进制药技术的发展趋势,进一步探索了制药技术的策略与方法,代表着该领域最高的学术研究水平。 专家们所展示的研究成果和对未来行业发展的深入思考,将进一步激发新思路、引导新方向,有利于推动我国制药技术的进步及其体系建设。

本书是中国工程院"中国工程科技论坛丛书"之一,有助于相关学科的博士、硕士研究生及本科生增进对国内外先进制药技术现状及发展前沿的了解,也可作为高校、科研院所、企业技术研究机构科研人员的学习参考。

图书在版编目(C I P)数据

先进制药技术发展 / 中国工程院编著. -- 北京 :
高等教育出版社,2019.3
(中国工程科技论坛)
ISBN 978-7-04-046403-0

Ⅰ. ①先… Ⅱ. ①中… Ⅲ. ①药物-生产工艺-技术
发展-研究 Ⅳ. ①TQ460.6

中国版本图书馆 CIP 数据核字(2016)第 206109 号

总 策 划　樊代明

策划编辑　王国祥　黄慧靖　　　　　责任编辑　朱丽虹
封面设计　顾　斌　　　　　　　　　责任印制　尤　静

出版发行	高等教育出版社	网　址	http://www.hep.edu.cn
社　　址	北京市西城区德外大街4号		http://www.hep.com.cn
邮政编码	100120	网上订购	http://www.hepmall.com.cn
印　　刷	涿州市星河印刷有限公司		http://www.hepmall.com
开　　本	787mm×1092mm　1/16		http://www.hepmall.cn
印　　张	11.25		
字　　数	190 千字	版　　次	2019 年 3 月第 1 版
购书热线	010-58581118	印　　次	2019 年 3 月第 1 次印刷
咨询电话	400-810-0598	定　　价	60.00 元

本书如有缺页、倒页、脱页等质量问题, 请到所购图书销售部门联系调换
版权所有　侵权必究
物料号　46403-00

编辑委员会

目　　录

专题四 药理学

第一部分

综　述

综　述

　　随着中国经济社会发展迈入新常态,调整产业结构,创新驱动,提质增效,是当前医药工业发展的总趋势。提升药品质量及降低生产成本是现代制药工业发展面临的核心问题。近年来,我国新药研发取得了快速发展,而制药技术相对滞后,过程分析技术、质量源于设计等技术理念还没有引起广泛重视,特别是被国际制药界认为是革命性的连续制药技术,国内还几乎没有涉足。在此背景下,亟需围绕我国制药产业发展的战略规划、制药技术的发展趋势以及与制药工业相关的化工技术、环保策略、科技研发等进行高层次学术交流,为推动我国从医药大国向制药强国转变,促进医药产业结构迈向中高端提供学术支撑。

　　在中国工程院医药卫生学部侯惠民院士、张伯礼院士的倡导下,以"先进制药技术发展"为主题,2015年4月26—28日在天津成功召开了第201场中国工程科技论坛。该论坛由中国工程院主办,中国工程院医药卫生学部、天津中医药大学和天津国际生物医药联合研究院联合承办。第十一届全国人大常委会副委员长桑国卫院士,中国工程院院长周济院士、副院长樊代明院士、秘书长钟志华院士,以及其他来自中国工程院、中国科学院的30余位院士和来自全国各大高校、研究院所、机关单位、制药企业的500多位代表参加了本次论坛和系列活动。

　　大会开幕式由中国工程院樊代明副院长主持,天津中医药大学校长张伯礼院士、天津市政协副主席、市委教育工委书记朱丽萍同志及中国工程院周济院长分别致辞。

　　开幕式之后进行了大会报告,桑国卫、樊代明、王静康、王浩(代表侯惠民院士)等专家,分别做了以"中国医药产业发展的创新需求与战略""医学和科学""生物医药晶体工程研究与产业化""未来的药物制剂"为题目的主题报告。大会报告后,与会院士专家针对先进制药技术发展中的关键问题做了互动交流讨论,桑国卫院士、樊代明院士、张伯礼院士分别回答了参会代表的提问,会场气氛活跃、融洽。

　　论坛同时开设了综合交叉,中医中药、中药资源,中药化学、制药工程和药理学4个分论坛,分别由杨宝峰、陈志南、张伯礼、李大鹏、刘昌孝、刘耀、丁健、徐建国8位院士主持。来自全国医药领域的21位专家围绕各自的研究方向做了精彩的学术报告。各分会场也安排了互动交流环节,参会代表就专家报告提出咨询和问题,报告专家积极给予解答,取得了良好效果。

　　本次论坛还探索进行了"四聚五合"的会议模式改革。通过整合多个学部的力量办会，加强不同学科的交叉和整合，充分发挥中国工程院学科交叉的优势；与咨询研究项目互相配合，为咨询工作提供智力支持；与科技服务、院士行等活动联合，为提高企业和研究机构的创新能力服务；与青年人才培养相结合，为拔尖创新人才脱颖而出铺路搭桥；与科普工作、学术出版融合，进一步扩大社会影响力。

　　作为第 200 场之后中国工程科技论坛的开端，本次论坛产生了广泛的学术影响。人民网、新华网、天津电视台、《天津日报》等 30 多个新闻媒体对会议进行了专访报道。在实施《中国制造 2025》的战略背景下，本次论坛具有重要的战略意义和现实意义，将为推动我国先进制药技术发展和会议模式创新发挥重要的引领作用。

第二部分

主题报告

医学和科学

樊代明

中国工程院

一、引　言

医学是什么？从 40 年前学医时我就开始思考这个问题,但一直未得到满意的答案。不过还是有些进步,但有时豁然明了,又迅即转入糊涂。至今,我不能明确地说出医学是什么,但我可以说它不是什么了。依我看,医学不是纯粹的科学,也不是单纯的哲学,医学充满了科学和哲学,同时还涵盖社会学、人学、艺术、心理学,等等。因而,我们不可以笼统地用科学的范律来解释医学,也不可以简单地用科学的标准来要求医生。

二、医学既研究病也研究人

医学要比科学起源早。科学一词的出现也才 1000 多年,而医学已有数千年甚至更长的历史。因此,应该是医学的积累、进步以及需求催生了科学。而医学研究的对象是人,尽管有人物的说法,但不等同于物。医学研究的是"知人扶生",知人当然需要格物,科学上只要格物就可致知,但医学上只有格物难以知人,更难以扶生。因此,将医学视为科学的一个分支或隶属于科学、服从于科学,甚至把医学视为医学科学的简称,看来是不恰当的。

医学研究的不仅是疾病的本身(或其本质),而且要研究疾病这种现象的载体,即有着不同生活经历和生理体验的活生生的人,要研究人体各种机能的本质和进化规律。因此,医学不仅重视事物高度的普遍性,而且重视人体结构、功能及疾病的异质性或称独特性。医学是通过长期大量不间断的理论探索和实践检验,最终形成的最大可能适合人体保健、康复和各种疾病诊疗的知识体系。

因此,医学要远比科学复杂。据经典医学书籍记载,现有病种已达 40 000 种之多,加之不同疾病有不同的分期和分型,而且又发生在不同人群或不同个体身上,疾病就变得更为复杂。因此,我们认识医学不能千篇一律,对待病人更应因人而异、因时而异、因地而异。

三、医生不仅治病还要救命

医学关乎生命。医学研究的对象恰恰是有着高级生命形式的人类及其组成形式，而科学研究的对象则并非是如此高级的生命形式、甚至是无生命的普通物质。科学研究再复杂，最终的定律是"物质不灭"；而医学除了物质不灭外，更要回答为何"生死有期"。

科学可以按照已奠定的精确的理论基础去分析甚至推测某一物质的结构和功能变化，但医学目前由于对生命本质的无知，故多数的理论和实践还是盲人摸象、雾里看花。显然，在生命起源的奥秘没被揭示之前，所有关于生命现象本质的解读和认识都是狭义、片面和主观的，充满了随意性。对生命的思考和解读，中医和西医充满分歧，甚至南辕北辙，其实这并不奇怪，实际上是观察角度不同所致。西医的整个体系是建立在科学基础之上的，所以常有医学科学的提法。中医的整个体系是建立在实践经验的归纳分析和总结之上的，所以不常有中医科学的提法。双方对科学和经验的重要性都无异议，但对经验之科学或科学之经验，则认识迥异，这恰恰说明了医学与科学的区别。

医学，特别是临床医学，说到底是做两件事：一是治病；一是救命。二者相互关联，但也有些差别。治病是"治"物质，是以物质换物质，或以物质改变物质；而救命不是"救"物质，救命是在调节物质表现的特殊形式，以确保这种形式的正常存在。这就是中医所说的整体中的平衡，或西医所说的内环境的稳定。

人总是希望越来越好的结果，但生命却是一个越来越差的过程；医学不是万能的，医生是人不是神。所以，人类对医学和科学的要求应该是不一样的。

四、"医学就是科学"是误区

说医学就是科学，我坚决反对。科学的巨大进步，把科学推上了至高无上的地位，导致了科学主义的出现，于是乎什么学科都把自己往科学上靠，似乎一戴上科学的帽子，就会更接近真理，就会名正而言顺。但医学自从戴上科学的帽子后，其实好多问题不仅解决不了，反而导致医学与人的疏离，甚至越来越远。

尽管如此，"医学就是科学"，它已成为当下大众的普识，也是近百年来一次又一次，一步又一步，逐渐形成并锁定的习惯性概念。正是这种普识与概念，导致时下医学实践出现了难堪的现状：我们不仅在用科学的理论解释医学、用科学的方法研究医学、用科学的标准要求医学，也是在用科学的规律传承医学。最终的结果，医学的本质将被科学修改；医学的特性将被科学转变，复杂的医学将被单纯的科学取代，医务工作者将成为科研工作者；医学院将成为科学院；病人不再是医生关怀呵护的人群而将成为科学家实验研究的对象。这既不是医学发源的初衷,更不是医学发展的目的。

医学的本质是人学。若抽去了人的本性,医学就失去了灵魂;若抽去了人的特性,只剩下其中的科学,那就成了科学主义。它们所带来的严重后果将不堪设想。

曾经,科学脱胎于自然哲学,其后获得了巨大发展;现在,医学出现科学化,导致出现不少难解的问题;将来,医学如果能从科学回归本源,必将引起医学发展史上的一场革命。

樊代明　中国工程院院士,美国医学科学院院士,西京消化病医院院长,肿瘤生物学国家重点实验室主任,国家药物临床试验机构主任,教育部首批长江学者奖励计划特聘教授,国家杰出青年基金获得者,"973"项目首席科学家,国家科技奖励委员会委员。兼任中国抗癌协会副理事长,亚太胃肠病学会副主席,世界消化病学会常务理事兼科学计划委员会主席等学术职务。先后担任 *Engineering Science* 主编,*BMC Cancer*、*Journal of Digestive Diseases*、*Clinical Cancer Drugs* 副主编,以及 *Gut* 等国际期刊的编委,是 *Nature Reviews Gastroenterology & Hepatology* 在中国大陆的唯一编委。曾任中国工程院副院长、第四军医大学(现空军军医大学)校长、中华医学会消化病学分会主任委员、2013 年世界胃肠病大会主席。

长期从事消化系统疾病的临床与基础研究工作,特别是在胃癌的研究中做出突出成绩。先后承担国家"863""973"、国家攻关项目、国家重大新药创制、国家自然科学基金、中国工程院重大咨询项目等课题。获国家科学技术进步奖一、二、三等奖各 1 项,国家技术发明奖三等奖 1 项,军队科学技术进步奖一等奖 2 项,陕西省科学技术奖一等奖 2 项,国家发明专利 27 项,实用新型专利 13 项,国家新药证书 1 项,法国医学科学院塞维雅奖,何梁何利基金科学与技术进步奖,陕西省科学技术最高成就奖,中国科协求是实用工程奖,中国青年科学家奖,中国人民解放军专业技术重大贡献奖,全军科技创新群体奖。主编专著 21 本,其中《治学之道—精》和《医学发展—考》两本均为长达 210 余万字、厚近 1500 页的大型著作。担任基础医学精读系列丛书(10 册)和肿瘤研究前沿(14 册)的总主编,还是全国高等医学教育数字化教材(53 册)的总主编。在 *Lancet*、*Nature*

Reviews Gastroenterology & Hepatology、*Nature Clinical Practice Oncology*、*Gut* 等国际期刊发表 SCI 论文 531 篇,总影响因子 2271.6,最高达 39,论文被引用逾 10 000 次。培养博士、硕士研究生共 158 名,其中获全国优秀博士论文 5 名,获全军优秀博士论文 9 名。2010 年,被中央军委荣记一等功。是中国共产党十四大代表,十一届全国人大代表,全国优秀共产党员,全国优秀科技工作者。

生物医药晶体工程研究与产业化

王静康

天津大学

一、引　　言

2015 年李克强总理召开国务院会议,要求加快步伐实施《中国制造 2025》,实现制造业升级。另外,"十二五"规划纲要,《国家中长期科学和技术发展规划纲要》强调,目前我们是世界制造大国,但还不是制造强国,产品主要以低端为主,应该发展精高端产业。

《中国制造 2025》的内容,对于我们医药界也是非常好的机遇,其中特别强调了十大领域中有生物医药及高性能的医疗器械。

二、21 世纪我国大化工发展面对的挑战

21 世纪我国大化工产业发展面临挑战,中国在改革上取得了很多的成功,但是目前中美之间的经济差别不是量的差别而是质的区分。美国制造业的强项是工业装备、军工、制药业等,中国的高端产品强项不够多。

对于 21 世纪的大化工,欧美国家是这样认为的,大化工的领域包括石化、化纤、塑料、制药工程等,其中制药工程占 25.9%。

晶体工程技术是制备大化工的医药、精细化工品、光电晶体材料、农药、食品添加剂等的重要支撑。晶体产品是不同行业高端产品中的核心部分,高端医药晶体产品对于医药工业经济发展有重大的意义。通用化学品变成高端产品,附加值的比值从 1 到 106,所以高端医药晶体产品的附加值是低端产品的 100 倍以上。

三、发展制药工业晶体工程技术的重大意义

1. 我国制药工业面临产品结构的挑战

目前我国制药工业还面临产品结构的挑战,根据公布的 2014 年全球制药企业 50 强名单,排名前 50 名的企业都是国外的,其中美国有 17 家,日本有 9 家;

从排名进入全球前50名的企业销售额来看,美国企业实现2000多亿美元,最重要的处方药销售额遥遥领先。

制药工业既面临机遇也面临产品结构的挑战,国外药典已开始把晶型等严格的形态学指标列入质量指标。国外医药企业对新药特别是疗效好的新药申请专利保护后,又相继申报该药的各种晶型的新专利,以延长原有药物的专利寿命,达到对我国有关药物进行技术封锁、垄断市场、获取高额利润的目的。

2. 高端晶体产品(单晶和共晶)的质量指标体系

现代科技与实践证明:60%以上功能晶体粒子产品皆具有同质多晶行为及敏感的构效关系,它们的产品功能特征指标,如药效、生物活性、稳定性、硬度、导电性等,皆取决于特定的形态学指标,如晶形(晶型及晶习)、粒度分布、尺度效应等。

高端晶体产品质量指标体系包括严格的化学组成与纯度,晶体的微观结构,如分子、原子及离子三维有序排列的规律(晶胞-晶格参数)等,晶体的介观和宏观外部形态,粒度分布(CSD、CV值、堆密度或比容等),尺度效应(毫米、微米或纳米级晶体)。

21世纪对晶体物系形态学的复杂性有了更清晰的认知,如晶体产品的同质多晶行为与构效关系的优化,对晶体工程技术提出了严峻的挑战。

3. 药物晶型与构效关系的作用分析

生物药物,只有在功能分子构筑成一定的有序高级结构时,具有严格的空间构象,才能维持其特定的生理功能,发挥功效。特别是鉴于生物大分子化学结构的复杂性,一般均具有多晶型行为,往往其中只有一种特定晶型药物才有生物活性,如多巴胺存在多种构象,根据多巴胺半刚性类似物活性研究,受体结合的优势构象为共面参差体-β。为了保证药物的高效化,必须保证药物结构特异性——产品晶型的唯一性。必须针对生物大分子药物的多分子体系,按照药物构效关系的要求,进行目标构型与构象的超分子高级结构组装与调控规律的研究,以达到目标。

4. 国际晶体工程研发竞争焦点为"晶体分子组装与形态学指标优化技术"

国外药典把唯一晶型等严格的形态学指标列入质量指标,在国际医药市场竞争激烈的形势下,自主创新开发"晶体分子组装与形态学指标优化技术",是我国由粗品制造大国向高端精品制造强国跨越的当务之急。

四、自主创新制药晶体工程技术发展策略

我们自主创新制药晶体工程发展策略,主要是发展晶体工程技术。高端晶体工程技术,是以构效关系理念为依据,由分子及超分子设计层次,研究其结构与性能的关系,深入研究高端功能晶体材料的分子空间构象、微观结构及组装方式对其功能的影响。在这方面,从 20 世纪 80 年代开始,在科技部扶持下,我们的国家工业结晶中心团队连续承担了从"七五"到"十五"的科技攻关项目,及"十一五"的科技支撑计划项目。另外,在国家科技部和外国专家局的支持下,我们中心也持续开展了与美国、英国、加拿大等国的晶体工程专家广泛和深入的科技合作,并开展创新人才培养的业务,我们建立了与国际接轨的晶体工程研发直至产业化创新实施方案。

我们承担了国家和省部级项目 100 多个,根据总结的方案,首先制定了高端的功能晶体粒子产品的质量指标与高效精制工艺,按照上述指标进行晶体工程学的研究,包括分子及超分子设计;接着完成了耦合结晶技术与设备,并得到了很多国际专利,包括优化工艺研发以及智能化设备;并在此基础上放大工程;然后进行产业化设计,主要是绿色集成技术工艺包的优化,通过技术经济评价,实现发明成果的产业转化和二年的投产考验。

现代工程业的产业发展实施目标是高效,我们的产业化方案应显著提高全过程的收率并且节能,应该达到节能降耗减排的国家标准,以及环境友好,符合绿色化工和生态工程要求,最终还要使产业获得经济效益。

晶体的形态学各不相同,多晶型药物形态有很多,不同晶型的定量分析和技术中,最重要的是药物分子组装机理和晶型转化规律。如果物理场发生转化,可能就不是最好的产物晶型,我们应注意研究电磁场、超声波、溶剂等内容。另外,晶体表面特征对于产品也有重大的影响。在转晶过程中那些研究手段以及如何保存也供大家参考。热力学研究的方法和结果非常重要,在多晶型药物的构效关系及晶型转变机理研究的基础上,进一步研究不同晶型药物产品的结晶热力学行为,非常重要。否则就无法实现产业化。

结晶动力学有成核动力学和生长动力学。动力学考察各个方面,比如过饱和度、温度等,每个药都要有结晶动力学模型。通过一些研究案例,我们完成了产业化,并使企业获得了可观的利润。

耦合结晶技术与设备,目前也是我们中心的发明点,在国际和国内都获得了很多专利。比如耦合的特点,国外的专利用了三步法,但是我们仅一步法耦合结晶工艺,仅使用绿色合剂。必须结合流体力学场测试实验和流体力学模型,开发专用的计算机辅助控制器,实现物理场参数的有效调控,确保优化工艺条件及最

佳操作时间表的实现,保证生产过程及产品质量的稳定性。

在这样的背景下,我们自主开发了现代化智能结晶装置和过程现代模糊自动控制系统,为了确保过程从实验室向产业化转移过程的可靠性和稳定性,依据基础研究及工程需要,分别开发了适用于结晶过程的专用型计算机辅助操作的控制器,实现了结晶过程中的各种参数(温度、物料流速、混合速度)的稳定、快速、准确的控制,确保了晶体优选晶型结晶过程最佳操作时间表的实现,确保了连续或间歇生产过程操作及产品质量的稳定性,从而实现工业结晶器和实验室结晶器操作环境和操作特性的一致性,保证了工业产业大放大过程均一次开发成功。

五、制药工业晶体工程研发国际前沿

1991 年我们中心与国外结晶领域的专家签署了合作协议,合作的特点是皆以生物大分子药物为核心;以全流程连续制药技术研究(由基本原料直到靶向药物产品)为主题;需要研发人员或工程师在计算机上,输入对同一产物的(由几个至数十个)研发方案:注明其工艺流程的每一步的操作参数及欲达到的控制目标要求,则可实现全流程的自动化操作,数字化监控,实时在线分析、计算机信息化处理与辅助控制与管理,自动探测每一个方案的可行性。

希望得到国家领导部门、产业界、学术界的关注与支持,在晶体工程医药科学与技术研发方面,为占领国际医药研发领域的至高点而奋斗。响应国家号召,建立创新药物产学研合作联盟,着力发展医药高端产品,为我国由制造大国向精品制造强国跃升,早日实现我们的中国梦而努力。

王静康　天津大学教授,中国工程院院士,国家工业结晶工程技术研究中心名誉主任,国家工业结晶技术研究推广中心主任;兼任天津市科学技术协会名誉主席,中国科学技术协会第八届常委会组织建设专委会委员,教育部科技委委员,中国系统工程学会过程系统工程专业委员会副主任,中国工程院咨询委员会成员,中国工业生态经济与技术专业委员会副理事长,中国工程院院刊 *Frontiers of Chemical Science and Engineering* 主编,英国化学工程师学会

（IChemE）会士（Fellow）等。

王静康教授是我国致力于化学工程/工业结晶科学与技术创新研发及其成果产业转化的创建人之一。她领先发明了塔式液膜熔融结晶共性技术与设备；率先开拓了耦合结晶新技术；发展了化工结晶过程系统工程理论；建立了功能晶体的工业结晶基础数据库与结晶过程一步放大的专家系统；率先将信息化方法应用于所承担的全部工业化项目。她带领团队连续承担并主持完成了国家下达的"七五"——"十一五"工业结晶领域的重大科技攻关及科技支撑计划项目，以及省部级攻关和产学研合作项目、国际合作项目等110余项。据近年来不完全统计，为国家年均新增产值12.5亿元，年均新增利税2.6亿元，经济和社会效益显著。

作为第一完成人，王静康教授曾获国家技术发明奖二等奖及三等奖各1项、国家科学技术进步奖二等奖2项；第十一届及第十三届中国专利优秀奖各1项；中国侨界（创新成果）贡献奖1项；作为唯一完成人荣获何梁何利科学技术奖、天津市科技重大成就奖等。此外，还曾获全国"五一"劳动奖章、全国优秀科技工作者、全国先进工作者、全国"三八"红旗手、国家"八五"科技攻关先进个人、中国侨联科技进步带头人、巾帼发明家等荣誉称号。

作为大学教师，王静康教授持之以恒地致力于创新人才的培养。她主编的高等教育"十五"规划教材《化工过程设计》获第八届中国石油和化学工业协会优秀教材一等奖，所负责的"化工设计"课程被评为国家级精品课程。在膜蛋白结晶、药物多晶型、药物传递系统、药物结晶在线控制等领域，与德国马普生物物理研究所、美国麻省理工学院、美国宾夕法尼亚州立大学的专家开展国际合作研究。先后荣获第六届及第七届高等教育国家级教学成果一等奖。已培养硕士生、博士生、博士后百余名。

未来的药物制剂

侯惠民

药物制剂国家工程研究中心

一、引　言

我国作为世界制药大国,是世界原料药加工生产基地,但制剂技术,尤其是新型药物制剂制造技术水平仍明显落后于发达国家,制剂产品未能走出国门,因此还远不是制药强国。在欧美等发达国家,新型药物制剂产品在现有药物品种中的比重已超过 20%,且增长迅速,但我国新型制剂市场占有率还不足 5%。

随着新型化学实体药物、生物技术药物开发难度和风险的增加,新型药物制剂已成为新药创新开发的重要组成部分和必要环节,其重要性不亚于传统意义上的创新药物。同时,随着我国对可持续发展和环境保护重视程度的提高,制药工业转型发展已成为重要的国家战略。大力发展新型药物制剂技术,改变我国制药行业高污染、高能耗、低附加值的现状,是我国制药行业转型发展的关键举措,也是实现我国从制药大国向制药强国转变的必由之路。

将生物技术、信息技术、微电子技术、微加工技术、新材料技术等与药物制剂相结合,进行技术集成和技术创新,是未来药物制剂发展的重要方向。本报告通过具体实例阐明我国新型药物制剂产业化研究现状以及未来药物制剂的发展方向。

二、药物制剂的重要性

1. 研发新制剂对治疗疾病的意义

对于治疗疾病而言,研发新制剂可以提高治疗效果,减少副作用;提高生物利用度,减少药物用量;减少给药次数,提高患者用药的顺应性;降低整体治疗费用;增加给药方式,减少注射剂,尽可能采用口服、透皮、吸入等。

2. 开发新制剂在制药工业上的意义

开发新制剂可提高新化合物的成药性,尤其是难溶性、难透过 BBB(血脑屏障)、毒性太大、生物半衰期短及性质不稳定的化合物。另外,新剂型还能延长老药的专利保护期,比如尼非地平片年销售额一度达 10 亿美元,1991 年专利到期后其销售额快速下降,而缓释片投入市场后 1990—1998 年产值达 81 亿美元。

3. 研发新制剂对国家的重要意义

药物是重要的战略物资。中国是一个有 13 亿人口的大国,当爆发战争、传染病以及防疫时,药物是保证国民健康的重要物资,从国家层面来说,研发新制剂具有战略意义。

4. 我国的新剂型研发方兴未艾

2011 年版《前瞻》统计了各国新制剂的使用比例及市场规模,结果显示美国占 23.2%,中国仅占 3.8%,说明中国还有很大提升的空间。在美国,推出新剂型 1 年后普通制剂的使用比例约 50% 被取代,2 年后达 70% ~ 80%。在 2008—2010 年间,美国食品药品监督管理局(FDA)批准上市的新药中,新制剂占 36%,新化合物实体(NCE)占 19%。2006 年诺贝尔物理学奖得主乔治·斯穆特就说到"创新不只是发明或者发现,实际上也包括把研究的成果转化为产品,用到产业当中。如果我们不能走这么远,不能转化为成果,所谓的创新没有意义,也难以保证这个创新的文化能够持续下去。大学知识、研究机构的知识,不仅仅包括发明和创造,也包括转化的能力,所以我们也提醒学生和研究人员这一点。"

三、国内已上市的各种新制剂

以下主要以药物制剂国家工程研究中心研制为例,介绍国内已经上市的各种新制剂,如利用生物黏附技术治疗口腔溃疡的贴片,这是比较有名的产品,是国际上首创的技术,中心专门设计制造了该产品的生产设备;再如缓释混悬剂,用树脂吸附后进行包衣,掩盖了苦味,还达到了长效,还有缓(控)释微粒技术,也设计了专门配套的设备;在脂质体方面已经有二性霉素脂质体和紫杉醇脂质体;渗透泵控释技术是口服制剂中比较先进的技术,中心研制的一种抗高血压片剂,一天服用一片,24 小时控制血压,2014 年的销售额已经超过 6 亿元。有自主知识产权的智能化全自动激光打孔检查机每分钟可生产 800 ~ 1000 片,全部由计算机进行处理,确保未打孔和孔径不合格的自动剔除。

四、国外学者心中的智能剂型

20 世纪 90 年代日本学者提出了控释制剂的设想,20 多年来有的设想已经实现了,一些更先进的设想,如使用生物传感器检测药物浓度和药效,并由此设定药物的输出模式，精确地释放药物，正在逐步实现。

日本学者认为，未来的给药技术要克服吸收屏障、增加吸收、方便使用；未来的靶向给药技术，应能够主动寻靶，从器官靶向向分子靶向、细胞靶向探索，可自动测定靶位的药物量及药效的传感器，由传感器的数据来控制给药速度，通过精密的释药装置将药物释放至靶位。

2014 年美国某制药技术期刊的主编认为：个性化治疗不仅是指将正确的药物在正确的时间以合理的药量给予选对的病人，更主要是基因导向，对患者制订个性化的安全、合理、有效、经济的治疗方法。同时必须有相应的智能药物制剂。他指出：① 应大力发展生物电子医药-神经植入装置。科学家认为，大脑的电活动影响身体健康，在神经与器官的界面植入电子装置改变（或纠正）电活动信号，可治疗诸多疾病，如帕金森病、重度抑郁症、中风等。② 可口服的智能药片、胶囊。FDA 2012 年批准了可消化的口服传感器，其发出的信号由贴在皮肤上的显示器接收显示。国外某公司对 12 名双相情感障碍者和 16 名精神分裂者使用了含该传感器的药片。由贴在身上的接收器接收服药后不同时间的心跳活动等。③ 植入体内的药物芯片：由 MIT 开发可长期留在体内，微处理器按设计程序遥控药物（甲状旁腺激素）释放。④ 3D 打印制剂。适合制造个体化用药制剂，并且会减少成本，减少浪费。"3D 打印是制造业的最大创新，制药工业也不例外。"

五、国内外智能制剂的现状

在国内，我们制剂中心正在研究"智能制剂"，如利用促透剂将大分子重组人生长激素（rhGH）、重组人睫状神经营养因子通过大鼠鼻黏膜给药，发现脑组织中的药物浓度与注射剂量接近，这样可代替注射给药。

又比如我们采用离子电渗透实现了脉冲透皮给予促黄体素释放素（LHRH），实现了利用离子胶囊使不易于肠吸收的小分子肝素的吸收，采用肺部超声智能雾化药物吸收等。还开展了脑肿瘤的双级靶向给药系统研究：第一级从蛇的神经毒素中找到一个 16 氨基酸的多肽修饰到脂质体或胶束上克服了血脑屏障，第二级用 5 个氨基酸的环肽修饰脂质体和胶束，来克服肿瘤血管、肿瘤细胞的血肿瘤屏障，从而显著延长了肿瘤小鼠的生存期。

近年来在国外，微机电系统（micro-electro-mechanical system，MEMS）技术用于人体植入、可穿戴装置的研究大量涌现。如采用微电子技术制备可体内降解的传感器，具备自动采样、信息无线发送、体外接收功能；使用微纳米制造技术的微阀、微电极、微泵、微贮库、微针等。神经植入可能成为重置丢失功能的唯一选择。20 世纪 80 年代，人工耳蜗装置第一次获得了广泛的使用。2011 年，第一个人工视网膜植入通过了临床试验，为退行性眼病患者带来福音。目前，神经植入能改变大脑目标区域的电活动，也会释放化学物质来解决失衡导致的抑郁症等疾病。在不能行走的大鼠的脊髓中植入具有电子和化学物质微流路的人造脊髓，可使瘫痪的老鼠重新走路。在眼球内安装有药物贮库的 MEMS 器件，通过外部磁场控制药液的供给量和供给时间。关节炎患者使用电子止痛贴，可由患者通过手机来控制贴片的治疗温度。用气体膨胀推动的微针微泵可穿戴注射器、粘贴在皮肤上的 MEMS-皮下智能注射器均已完成临床试验。一种新的一次性胰岛素注射泵"Jewel Pump"，可以封装在贴于皮肤上的一次性贴片（Patch）中连续注射胰岛素，可以大幅改善糖尿病患者的治疗效率和生活质量，目前，正在等待美国 FDA 的审批。Jewel Pump 比目前可以买到的胰岛素注射泵更小、更薄、更轻，贴在皮肤上可以向皮下连续注射 6 天治疗剂量的胰岛素（4.5 mL）。一种粘贴在皮肤上的 MEMS 能产生生物电流，利用该几十微安的微弱电流，可将药物的渗透速度提高几倍至几十倍。

　　未来智能靶向机器人治疗会越来越多，如"可控医生"应用于视网膜手术、眼疾病的治疗，"药丸机器人"用于胃肠道疾病筛查，另外还可用于药物递送。在美国已建立了 3D 打印工厂，第一个产品已通过 FDA 批准。

六、结　　语

　　整体而言，未来的药物制剂充满挑战，药物制剂发展的趋势将会越来越个性化，使用越来越方便，疗效更好，副作用会减少，老年人和儿童更乐意使用。对于药学研究者，创新的空间会更大，良药可口利于病将可能实现。

侯惠民　1940 年出生，上海市人，药物制剂专家，上海医药工业研究院研究员。1963 年毕业于上海第一医学院药学系，1990 年获日本北海道医疗大学博士学位。现任职于上海医药工业研究院从事药物制剂研究，并任药物制剂国家工程研究中心主任，是我国最早研究控缓释制剂的学者之一，获各项奖励 8 项，在国内外发表论文 70 余篇。1990 年被授予上海市"科技精英"称号。1996 年当选为中国工程院院士。

第三部分
专题报告

专题一

综合交叉

结合中医药理论和临床实践开展抗风湿创新药物研究

刘　良

澳门科技大学

中医药学独特的医学理论和逾千年的临床经验,是我国创新药物研究的宝贵资源。集成和应用现代多学科的知识、技术和方法,并紧密结合中医药理论和临床经验研制现代创新中药,是发展传统中医药学和构建我国创新药物体系的重要内容之一。

通经活络是中医治疗类风湿关节炎(RA)等关节疾病的基本理论与原则,常用附子和青风藤配伍组方。有鉴于此,本课题组紧密结合临床实践,对上述药材进行了深入研究,成功研制了抗风湿病新药并且上市,同时还建立了新的药材质量标准。附子是最常用的中药材,但附子的药性峻烈,其所含乌头碱类生物碱毒性大,为保障临床处方和中成药生产的安全用药,首次建立了附子中 6 种乌头碱类生物碱的 HPLC 快速同步检测新方法和 3 种有毒乌头碱总量 $<0.020\%$ 的限量标准,该方法和标准被纳入了 2000 年版《中国药典》。在复方研究方面,将活性成分检测、HPLC 化学指纹图谱分析、药效成分药代动力学参数相结合,首次制定了青附关节舒胶囊(含附子、青风藤、白芍、姜黄、丹皮)质量控制的创新标准。本课题组对青风藤所含活性成分青藤碱的抗炎免疫作用与机理进行了一系列研究,本人亦作为首席专家参与研发了青藤碱制剂正清风痛宁缓释片、普通片等系列产品,前者是中国首个中药缓释剂,被纳入《国家基本药物目录》,也是在全国范围内治疗类风湿关节炎等风湿病的主要中成药。上述研究获得了 2012 年度国家科学技术进步奖二等奖,是全国抗关节炎研究领域迄今唯一的国家级奖项。

在临床上,许多风湿病患者会同时接受中、西医治疗,但中西医药合用的科学依据不足。为此,本课题组开展了激素和中药化学成分二氢杨梅素(DMY)联合应用的抗关节炎作用与机理研究,首次发现了 DMY 能增强地塞米松的抗关节炎作用约 40%,并能同时减轻地塞米松所致的胸腺损害,这为联合使用激素和中药治疗风湿病,以及为研发中药胸腺保护剂提供了科学依据,也为临床合理使用激素和降低激素的副作用开启了新思路。

抑制 IKKβ-NF-κB 通路激活是治疗风湿免疫病和炎症性疾病的有效途径。为了揭示中医药治疗风湿病的科学机理,通过建立多种生物技术平台,研究了中药对 IKKβ-NF-κB 通路和氧化应激的影响。研究首次发现了 DMY 与 IKKβ 激酶 Cys-46 的特异性结合新靶位,而且 DMY 与 Cys-46 结合后能够使 IKKβ 激酶被抑制,进而抑制了 IKKβ-NF-κB 信号转导通路并产生抗关节炎作用。通过将 Cys-46 基因突变,验证了该特异性药物结合新靶位,并获得了小鼠新品系模式动物。进一步研究又发现被敲除了 Cys-46 基因的小鼠其炎症反应加重,这提示 Cys-46 基因与炎症性疾病的发生发展有关。这一新发现为研发抗关节炎新靶标药物开辟了新领域。

刘　良　讲座教授,医学博士,博士生导师,现任澳门科技大学校长,中药质量研究国家重点实验室(澳门科技大学)主任,世界卫生组织传统医学项目顾问,国际标准化组织(ISO)传统中医药 ISO/TC249 技术委员会委员及第一工作组召集人,国家中医药管理局深化医疗改革专家委员会委员,国家自然科学基金中医药学科组评审专家,世界中医药学会联合会中医药免疫专业委员会会长及教育专业委员会和诊断专业委员会副会长,中国免疫学会中医药分会副会长,中国高等教育学会常务理事,香港卫生署荣誉顾问,香港中药研究及发展委员会委员,澳门特区政府人才发展委员会委员、科技委员会委员和医务委员会委员等学术和社会职务。

刘教授从事中医风湿免疫病专科临床及科研逾 25 年。结合中医药理论、个人临床经验、多学科先进技术,从疾病诊断、治疗机理、安全用药、药物研发等方面开展创新性研究,在抗风湿中药安全用药和新药研发、中医药治疗风湿病的科学原理、风湿病早期诊断、抗关节炎药物新靶标等方面获得了重要成果。首次建立了附子类药材的安全用药标准和抗关节炎中药复方制剂质量控制的创新标准,作为首席专家研发了 3 个抗关节炎系列产品;首次发现了类风湿关节炎和红斑狼疮患者 IgG N-糖链新的生物标志物,及 IKKβ 激酶药物结合新靶位,开辟了风湿病早期诊断和抗关节炎新靶标药物研究的新领域。此外,根据中医辨证论治理论和整体治疗观,结合多学科先进技术,阐释了中医药治疗风湿病的科学原理,并首次提出了个体化随机对照药物临床试验(PRCT)的新理念。

刘教授曾获得国家科学技术进步奖二等奖 2 项,其中"抗关节炎中药制剂质量控制与药效评价方法的创新及产品研发"项目于 2012 年获奖,排名第一,是我国中医药抗关节炎领域迄今唯一的国家级奖项;亦获 2014 年教育部自然科学奖等部省级一等奖 2 项(均排名第一)和二等奖 3 项(1 项排名第一)。在国际 SCI 期刊发表论文逾百篇,大多数为第一和通讯作者,其中影响因子>5 和期刊类别在前 10%以内者 25 篇。在国内外学术会议发表研究报告 240 多篇,其中特邀报告 70 多篇。获得发明专利项目 30 个,包括中国专利 2 项、PCT 专利 1 项、美国专利 2 项、澳大利亚专利 25 项。10 项专利已获实施,4 个中药产品已投放市场。

多肽化学修饰的关键技术及其在多肽新药创制中的应用

王　锐

兰州大学

一、引　言

多肽药物具有药理活性高、药用剂量小(通常在 μg—mg 级)、毒副作用低等显著优点,又因其生产量少、耗能低、排污少而属于绿色制药工业,在可持续发展和产业化方面颇具优势,是当前国际新药研发的热点和制高点之一。国内外学者也逐渐认识到多肽科学的学术研究价值和潜在的药物应用前景。胰岛素、胸腺素 α_1、生长抑素、催产素、降钙素等重量级治疗药物,均为临床治疗相关疾病的首选。2003 年"非典"爆发后,胸腺五肽(TP-5)既作为预防药物又作为治疗药物被广泛应用于一线的医务人员和患者。并且在治疗性多肽药物中,不乏"重磅炸弹"。比如,雅培用于治疗前列腺癌的多肽药物醋酸亮丙瑞林,2011 年全球销售额超过 23 亿美元。目前,FDA 批准上市的多肽药物超过 60 个,仅在 2012年 FDA 批准的多肽新药就达到 6 个,且呈增长的趋势。此外,大约 140 个多肽类药物还处于临床试验阶段,超过 500 个处于临床前研究阶段。在价值方面,据预测,全球多肽药物市场会将 2011 年的 141 亿美元增至 2018 年的大约 254 亿美元。其中,创新型多肽药物市场将从 2011 年的 86 亿美元增至 2018 年的大约170 亿美元。随着多肽药物研究与应用领域的技术迅速发展和日趋成熟,多肽药物产业具有广阔的市场应用前景。

然而,我国多肽药物产业与欧美相比还存在较大的差距,特别是多肽类新药的自主研发能力较为薄弱。世界范围内已经上市的 70 余种结构明确的多肽药物中,绝大多数由国外制药企业研发上市。相比之下,国内进入临床试验的多肽药物只有十余种,而自主研发的多肽药物大部分为提取物或降解片段,十分缺乏原创性的多肽新药。我国的多肽药物生产企业主要以仿制为主,主要生产原料药和中间体,在新药的研发特别是一类新药的研发方面还有很大差距。这导致一些肽类新药只能依赖进口,使患者的治疗成本大幅增加。

针对多肽新药创制及产业化过程中的关键技术难题,急需开展多肽新药制备和新药创制中的新方法和核心技术研究,来突破制约我国多肽新药创制过程中的"瓶颈"问题,为多肽药物的生产和原创多肽新药的发现提供一系列具有完全自主知识产权的专利技术,以应用于多肽药物的新药研发和产业化应用,从而早日实现我国多肽药物的发展目标:① 建立我国多肽药物规模化生产的关键技术;② 提升我国多肽新药的自主研创能力;③ 提高我国多肽药物的国际竞争力和市场占有率。

二、多肽合成及其生产工艺的不断创新,使我国多肽药物制备技术达到国际标准

多肽药物的规模化制备是其产业化应用中的核心技术和关键环节,是限制多肽药物临床广泛应用的核心问题。随着多肽化学及相关学科的飞速发展,特别是合成方法学和高效缩合剂的发展,分离纯化、结构改造设计及自动化合成等技术的不断革新,工业生产中多肽合成和制备的效率大大提高。例如,固相多肽合成技术使多肽合成领域出现了革命性变化,加速了多肽药物的研发步伐。然而,对多肽药物的纯度和杂质分析的要求不断提高,多肽药物原料药的市场竞争日趋激烈,需要不断发展高效、低成本、高纯度的多肽药物大规模合成工艺和技术,以达到国际标准化生产的要求和认证。值得一提的是,多肽药物的工业上规模化生产,不是实验室合成的简单放大,而是需要全新的工艺研发才能实现。例如,单批次千克级的多肽药物生产,就要面临一系列的技术难题:① 要求高产率的合成反应,不然副反应的杂质难以分离除去;② 常规的实验室高效液相色谱纯化技术、冷冻干燥方法无法满足工业化大规模制备的需求;③ 多肽药物合成和纯化的生产全过程中需充分地运用节能减排、绿色环保的生产工艺。针对上述技术难题,需要研发出系列创新性技术以用于多肽药物规模化生产,进一步建立多肽药物规模化制备核心技术平台,从而突破国外的技术壁垒和价格垄断,打破一些肽类新药只能依赖进口的局面,降低药物价格,有效地提高我国多肽药物的国际竞争力和市场占有率。

此外,近年来运用重组技术制备多肽和蛋白质的方法学也不断发展和完善,但是由于分离纯化技术的限制,通过重组技术从动物源得到的多肽用于临床时经常会产生免疫排斥反应,这也是基因工程技术制备多肽药物过程中急需解决的首要问题。

三、发明多肽化学修饰的关键技术,提高多肽药物的长效性

多肽分子作为药物在临床应用中仍存在一些障碍,这主要是由肽类分子本

身半衰期短、代谢不稳定、生物利用度差等特性决定的,这也是多肽药物新药研发中的"瓶颈"问题。为了克服肽类药物致命性的弱点,在肽类新药研发中常采用以下两种策略:一是开发新剂型的多肽药物,通过非注射给药途径来提高多肽药物的生物利用度;二是基于多学科的发展不断提升多肽药物设计理念,利用创新性化学修饰策略以获得具有特定理化性质的多肽候选药物。例如,特殊的非天然氨基酸的引入、分子内环化等多肽化学修饰策略是提高多肽药物长效性的重要策略之一。多肽化学修饰中引入非天然氨基酸可有效提高多肽药物的酶解稳定性,然而,传统的非天然氨基酸合成技术存在总产率低、氨基酸品种和分子结构单一等缺陷,其高效实用合成极具挑战性。我们实验室在国际上首次发现了一系列手性合成各类非天然氨基酸和氨基磷酸的新方法,建立了非天然氨基酸和氨基磷酸类似物的手性合成新方法和关键技术,实现不同构型(L 或 D 型)α-、β-、γ-各种氨基酸(如脯氨酸、色氨酸)及磷代氨基酸和各种不同位点取代氨基酸等系列非天然氨基酸的高效、便捷、经济和绿色的合成方法,能为多肽化学修饰提供从十几毫克到数百克的高光学活性、高纯度的非天然氨基酸和氨基酸类似物,足以用于修饰和合成分子结构多样的多肽药物。与国内外同类方法相比,我们的非天然氨基酸合成的关键技术具有原创性好、高效、低污染和低成本等优点,并且发现的几类全新手性催化剂价廉易得,非常适合工业化应用。特别是天然松香-手性硫脲类新型催化剂,能实现同一催化体系下的双手性控制反应模式,可高效合成不同构型和位点取代的 α- 或 β-脯氨酸。所研发出的高光学活性非天然氨基酸的原创性合成方法,能有效提高多肽药物的光学纯度,大大降低其毒副作用,减少代谢负担。进一步,将非天然氨基酸引入内吗啡肽等多肽分子中,通过此化学修饰新策略,可在保持多肽药物药效特性的前提下,有效避免多肽分子被体内蛋白水解酶识别和降解。例如,将利用手性催化合成获得的非天然 β-氨基酸(Map)及其类似物引入内吗啡肽中,其半衰期由原来的17 min 提高到 600 min,受体亲和性由原来的 nmol/L 级提高到 pmol/L 级,且药物的镇痛时间显著延长。相关的候选药物被 *Nature* 出版集团的 Sci-BX 作为亮点报道,并推介给国际制药企业,认为是最具开发潜力的候选药物之一。

此外,临床应用的多肽药物给药多以注射途径为主,发展多肽药物非注射给药途径的新剂型也是提高其代谢稳定性和生物利用度的重要途径。多肽药物在结构、功能和作用机制上与其他药物不同,决定了它们在临床使用中的复杂性,因此多肽药物给药途径和剂型的选择就显得更为重要。在充分考虑多肽药物自身特性的同时,结合药物作用靶点的位置和生理结构特点来确定其最终的给药形式,使多肽药物的生物利用度和药效得到最大限度的提高。

四、多种化学修饰策略的运用以降低多肽药物的毒副作用，促进原创性多肽候选药物的发现

　　自然界中只有极少数的天然肽类分子可以直接作为临床药物来使用，这是由内源性肽类分子自身的一些特性所决定的。肽类的分子结构为柔性，其空间构象具有多样性，可呈现出丰富多样的空间结构。因此，生物活性肽通常会与体内的多个作用靶点作用而引起多种的生物活性，而系统的多肽构效关系研究有助于揭示多肽与作用靶点相互作用的关键"药效团"，深入地探讨其生物活性及与作用机制之间的内在关系。为了提高多肽药物的成药性，在系统研究了多肽结构、功能与作用机制的基础上，发展了"多位点"化学修饰的原创策略，可有效降低部分多肽药物的毒副作用。例如，为降低阿片肽类药物普遍存在的耐受、便秘等副作用，以内源性神经肽 FF 和阿片肽作为化学模板，首次运用嵌合肽设计策略，成功构建了阿片/神经肽 FF 系统的全新嵌合肽，该类嵌合肽可介导高效、无耐受的镇痛作用，同时部分降低了其便秘的副作用。此外，利用多肽分子的特异靶向性特性可发展靶向的抗肿瘤化疗药物，即将抗肿瘤药物与多肽靶向分子化学连接，从而大大提高抗肿瘤药物的选择性和分子靶向性，能有效降低常规抗肿瘤药物的毒副作用。

　　近年来，在"重大新药创制"国家科技重大专项等科技项目的持续资助下，我国多肽药物的实用性和普适性的专利技术研究不断取得进展，多肽新药创制的技术体系不断得以发展和完善，多肽药物新药创制和产业化应用的步伐不断加快，部分关键技术已填补了国内的技术空白，有效地降低了多肽药物生产企业的生产成本，促进了我国多肽制药工业的节能减排、绿色环保和可持续发展。

王　锐　博士，二级教授。1982 年毕业于兰州大学，1988 年获兰州大学与日本京都大学联合培养博士学位，1989—1993 年先后在兰州大学和美国堪萨斯大学从事博士后研究，1997 年在香港理工大学做高级访问学者，1997—2006 年任兰州大学生命科学学院院长，2006—2008 年任兰州大学研究生院副院长，2008 年起任兰州大学基础医学院院长、新药临床前研究甘肃省重点实验室主任、香港理工大学手性

药物国家重点实验室学术委员会委员兼访问教授、功能分子国家重点实验室和中国科学院 OSSO 国家重点实验室两家学术委员会副主任。

王锐教授近 30 年来致力于多肽药物和手性药物的研究，获"重大新药创制"国家科技重大专项、国家自然科学基金重点项目等持续资助。1996 年入选国家"百千万人才工程"，2004 年被聘为教育部长江学者特聘教授，2005 年获得国家杰出青年科学基金，2011 年作为负责人组建"多肽药物"长江学者创新团队。作为第一完成人获得国家自然科学奖二等奖、中国药学会科学技术奖一等奖、教育部自然科学奖一等奖、中国专利奖、甘肃省技术发明奖一等奖、甘肃省自然科学奖一等奖、十佳全国优秀科技工作者提名奖、中国青年科技奖、高校青年教师奖、药明康德生命化学杰出成就奖一等奖。现任全国政协委员、甘肃省人大常委兼科教文卫委员会委员，甘肃省欧美同学会·留学人员联谊会会长。

王锐教授已申请国家发明专利 40 项，获授权专利 30 项，申请国际专利 PCT 1 项。以通讯作者发表 SCI 论文 326 篇，其中影响因子大于 6 的期刊论文 61 篇、大于 10 的 18 篇，单篇最高影响因子 45.7，累计影响因子 1337，篇均影响因子 4.1，被引用 6202 次（据 Google Scholar 统计），其中被 SCI 引用 5529 次（据 Web of Science 统计），H 指数为 40。多篇论文被 *Nature* 出版集团等"亮点报道"，数十篇论文为"高被引论文"，入选爱思唯尔 2011 年"中国高被引学者"。获美国汤森路透首届"中国卓越研究奖"，以表彰其 1 篇论文为中国 5 年内各领域共 24 篇最具影响力论文之一。"因在多肽科学创新性的贡献"获国际多肽会议 Cathay 奖；因做出了"最有价值的原创性研究"，而被授予美国多肽 Olson 奖。

全国中药资源普查及中药资源可持续利用

黄璐琦

中国中医科学院

一、引　言

中药资源作为国家的重要战略资源,是中医药事业和中药产业赖以生存发展的重要物质基础,是国家重要的战略性资源。我国经历了 3 次全国性的中药资源普查,历次全国性的中药资源普查,在基础数据收集、整理和应用等方面,为我国中医药事业和中药产业的发展均提供了重要的基础性资料和依据。

近年来,在党和国家的高度重视和大力扶持下,中医药事业取得了显著成就,中医药越来越受到人民群众的欢迎,走向世界的步伐也越来越快。随着中医药相关产业的快速发展和社会经济条件的改变,中药材的需求量、产量及主要产区分布等与 20 多年前相比发生了巨大变化。由于中药原料质量监测体系缺失,随着人民群众对中医药服务需求的快速增长和中医药在世界范围内的发展,中药材质量、价格等问题屡屡成为社会关注的焦点,影响基本药物目录制度的推行。

2009 年 2 月中医药部际联席会议明确由国家中医药管理局牵头,其他相关部委协助实施全国中药资源普查。2009 年 3 月,国务院将“组织开展全国中药资源普查,促进中药资源的保护、开发和合理利用”的职责赋予国家中医药管理局。2009 年 4 月《国务院关于扶持和促进中医药事业发展的若干意见》(国发〔2009〕22 号)提出,“开展全国中药资源普查,加强中药资源监测和信息网络化建设”。2009 年 9 月,国家中医药管理局成立全国中药资源普查筹备技术专家组,编制全国中药资源普查工作方案。2010 年全国中药资源普查工作方案编制完成。2011 年 8 月,全国中药资源普查试点工作启动。

试点工作秉承“坚持普查与解决药材产业发展中的关键问题相结合,普查与资源基础条件建设相结合,普查与建立长效机制相结合,全面摸清我国中药资源本底情况”的指导思想,主要开展中药资源调查、与中药资源相关的传统知识调查、中药资源动态监测信息和技术服务体系建设、中药材种子种苗繁育基地和种质资源库建设,共 4 项任务。目前,试点工作已覆盖全国 31 个省市区(直辖市、自治区)922 个县,取得了阶段性进展。

二、组织管理

普查工作范围广、涉及部门多、工作任务重、技术要求高、实施难度大,按照"国家中医药管理局统一领导,行政和技术分工协作,国家、省和县分级负责,卫生、林业、农业等共同参与"的原则,紧抓行政、专家和成果 3 个环节,突出战略性、联动性和服务性 3 个特性。

国家层面,成立了试点工作领导小组、全国中药资源普查筹备技术专家组和全国中药资源普查试点工作专家指导组;依托中国中医科学院中药资源中心,成立试点工作办公室和试点工作专家指导组办公室。省级层面,成立省级试点工作领导小组及办公室,统一协调本地区的试点工作;依托 1~2 家省级科研院所或高校,具体承担省级层面的相关技术工作,成立省级试点工作专家委员会。县级层面,由县级人民政府或卫生局牵头,成立县级试点工作领导小组及办公室,负责县域普查的组织协调;成立县级普查队,负责具体实施中药资源调查工作。基本建立了国家、省和县 3 个层级的组织机构和管理体系,依靠各地地方政府和有关单位领导、协调和实施本地区的试点工作,明确了"行政和技术"两线并行的组织模式,从国家到地方都有了中药资源保护、开发和利用相关工作的抓手。

三、技术规范

针对中药资源的特点、行业发展的需求和全国中药资源普查工作的需要,围绕组织管理,野生和栽培药用植物资源普查,腊叶标本和药材样品的采集、鉴定与保存,中药材市场调查,传统知识调查等 14 个方面,借鉴相关领域全国性资源调查的成功经验和技术方法,将传统调查和现代技术方法相结合,同时汇集普查队员在实际工作中遇到的问题和总结出的经验,及各级专家提出的意见和建议,形成了技术方法先进、工作内容统一、标准要求明确的《全国中药资源普查技术规范》。编研出版了《中药资源信息监测与技术服务手册》,内容包括中药材养护、鉴定、购销、信息、法律法规等内容,为中药资源动态监测信息和技术服务体系提供参考。

根据工作任务,融合计算机软件、网络、数据库技术,遥感(RS)、地理信息系统(GIS)和全球定位系统(GPS)为核心的空间信息技术,以满足工作需求为切入点进行中药资源普查工作软件系统的设计和研发,服务全国中药资源普查工作的数据采集、统计汇总和共享服务等工作。研发中药资源普查工作方案管理系统、普查信息填报系统、普查数据汇总统计系统、成果展示系统、基于 PDA 的野外采集系统、门户网站、标本鉴定系统、基本药物信息查询系统、中药分子鉴定网络平台、中药资源动态监测系统等13个软件系统和网站构成的"中药资源普查信息管理系统"，搭建了中药资源普查工作平台。

形成了一系列与中药资源相关的标准，包括7项中药资源普查技术标准。充分体现创造性、规范性、科学性、时效性和实用性。

四、人员队伍

为加强对中药资源普查试点工作的专业指导，保证普查试点工作的质量，成立全国中药资源普查试点工作专家指导组、中药动态监测信息和技术服务体系技术专家委员会；省级层面成立中药资源普查试点工作专家指导组（或委员会），县级层面成立普查队。各试点省和县，积极吸纳医药卫生、农业、林业等多个行业的专业技术人员参加试点工作，参加普查试点工作的单位，共涉及31个省市区的大专院校、科研院所400多个，企业100多家。采取"国家、省级和县级"逐级培训的方式培训普查人员队伍，即全国中药资源普查试点工作专家指导组对省级层面的人员队伍进行培训，省级专家组对县级普查队队长和骨干技术人员进行培训，普查队长对普查队员进行培训。通过试点工作促进了中药资源领域科技工作的集体攻关，凝聚培养了从事中药资源工作的专业队伍1.9万余人。

五、四项任务实施

汇总得到近1.3万种药用资源的种类和分布等信息，发现2个新属34个新物种，收集整理各试点省市区的中药材生产适宜技术84项，与中药资源相关的传统知识1000多条，拍摄照片270多万张，上交标本实物10余万份，为国家中药资源标本馆和数据库建设打下了扎实的基础。布局建设了包括1个中心平台、28个省级中心、65个监测站和922个监测点的中药资源动态监测信息和技术服务体系，从而实时掌握我国中药材的产量、流通量、价格和质量等的变化趋势，有利于促进中药产业的健康发展。在17个省市区布局建设了28个繁育基地和2个种质资源库，有利于从源头上保证中药材的质量，促进珍稀、濒危、道地药材的繁育和保护。

上述成果为全国中药资源普查的组织实施奠定了基础。对促进我国中药资源的保护与可持续利用，维护药用生物物种多样性，推进生态文明建设等方面，均具有重要的政治、社会、生态、经济意义和战略价值。

黄璐琦 中国中医科学院副院长、中药资源中心主任兼首席研究员，全国中药资源普查试点工作专家指导组组长，科技部重点领域中药资源创新团队负责人，部局共建道地药材国家重点实验室（培育基地）负责人，曾任国家"973"计划项目首席科学家。

主要从事中药资源学和分子生药学研究：① 作为全国中药资源普查试点工作专家指导组组长，牵头编制了《全国中药资源普查技术规范》，指导和支撑了 31 个省市区 922 个县的中药资源普查工作，主持建设由 28 个省级技术服务中心、65 个监测站组成的中药资源动态监测信息和技术服务体系，发现了 3 种新植物。利用群落和生境监测与空间模型构建相结合的方法，实现了稀有野生中药资源的遥感动态监测，形成了 5 种资源保护模式。② 从新的角度探讨了道地药材形成过程中的关键和主导因子，提出 3 个模式假说。发现了丹参酮合成的关键酶基因及一条二萜生物合成新途径；证实 *SmHMGR2* 是参与丹参酮生物合成的重要关键酶基因，其过表达可以显著提高丹参酮的积累；*SmCPS* 是被子植物中首个克隆并鉴定的（+）–CPP 合成酶编码基因，*SmKSL* 则被鉴定为一个全新的二萜合酶基因，其编码蛋白催化（+）–CPP 形成一种新的二萜烯（命名为次丹参酮二烯）；*SmCYP76AH1* 特异催化次丹参酮二烯形成铁锈醇。同时，采用合成生物学的方法，将 *SmCPS*、*SmKSL* 整合到酵母中构建基因工程菌株，次丹参酮二烯产量已达到 365 mg/L 的国际水平。③ 针对中药传统鉴别方法的局限，建立了中药材鉴别新方法，其中高特异性聚合酶链式反应技术鉴别中药材乌梢蛇真伪的方法，荣获中国专利优秀奖，被 2010 年版《中国药典》收载，这是分子鉴别方法首次收载于国家药典。鉴定"百年人参"且不破坏参形，是中药鉴别一直寻求解决的难题。巧妙地引入端粒长度的理论和方法，建立了人参的端粒长度与年限的数学模型，解决人参年限准确鉴定的难题，为中药材年限鉴定提供了新的方法和理论依据。

获国家科学技术进步奖二等奖 4 项（第一完成人 3 项、第二完成人 1 项）。以第一作者或通讯作者发表论文 371 篇，包括 *PNAS*、*JACS* 等 SCI 期刊文章 86 篇，获国家发明专利 11 项。获国家杰出青年科学基金资助以及中国工程院光华工程科技奖（青年奖）、中国青年科技奖、全国优秀博士学位论文指导教师等荣誉，入选"万人计划"第一批百千万工程领军人才。

FGF21/PPARγ-脂联素轴作为抗代谢性疾病药物的新型靶点

李校堃

温州医科大学

一、代谢性疾病发病率增加和新型治疗药物的开发需求

营养过剩和静坐生活方式导致代谢性疾病如肥胖、2 型糖尿病、心血管疾病、脂肪肝和高血压的发病率显著增加。心血管疾病是引起死亡的主要原因,同时肥胖也是冠心病、2 型糖尿病、高血压和癌症的危险因素,因此代谢性疾病的治疗逐渐成为全球研究的热点(图 1)。

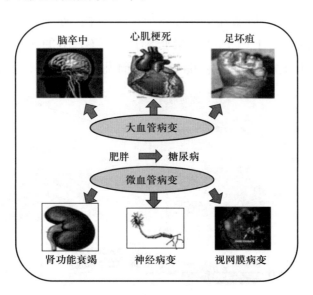

图1　代谢性疾病成为全球研究热点

随着中国过去 20 年的巨大经济变化,超重或肥胖在儿童和成年人中普遍存在。流行病学调查资料显示,中国有 9200 多万成年人患有糖尿病和超过 1.4 亿的糖尿病前期患者(图 2)。因此,寻找更有效的治疗方法,开发更有效的新药物来减轻患者的痛苦负担,已经成为当下亟待解决的问题。

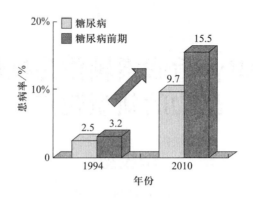

图 2　中国糖尿病患病率演变

二、FGF21/PPARγ-脂联素轴在代谢性疾病的病程中发挥重要的保护作用

在过去的几十年间,多种细胞因子或肝脏因子包括成纤维细胞生长因子21(FGF21)、过氧化酶体增殖物激活受体γ(PPARγ)和脂联素已确定具有参与物质和能量代谢以及疾病的发生机制的生物特性。FGF21是内分泌FGF亚家族的一个成员,主要产生于肝脏中,主要参与能量平衡、葡萄糖和脂质代谢,是胰岛素敏感性的重要调节因子(图3)。脂肪细胞是FGF21的主要靶细胞,FGF21可以激活脂肪细胞中的PPARγ。它能够增加葡萄糖的吸收,调节脂肪分解,提高

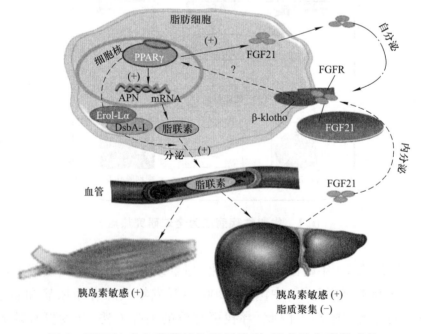

图 3　FGF21 参与葡萄糖和脂质代谢,调节胰岛素敏感性

线粒体的氧化能力及 PPARγ 活性。近期本研究团队和其他研究均表明脂联素是 FGF21 的下游因子,在小鼠中介导 FGF21 调节糖代谢和胰岛素敏感性。

此外,我们还发现 FGF21 可通过抑制小鼠胆固醇的产生和抑制脂联素防止动脉粥样硬化(图 4)。

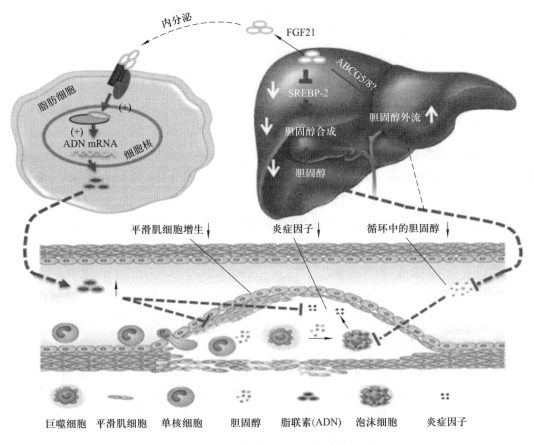

图 4　FGF21 抑制小鼠胆固醇的产生

临床及动物研究表明,FGF21、脂联素和 PPARγ 在代谢性疾病的发病机理中起关键作用。FGF21 和 PPARγ 可以调节彼此的生物活性,而脂联素被认为是 FGF21 和 PPARγ 的下游靶标。近期研究表明 FGF21/PPARγ-脂联素轴的三蛋白轴,在啮齿类动物和人类中参与调节物质和能量代谢。我们总结了关于 FGF21/PPARγ-脂联素轴的研究进展和药物开发情况。总之,研究结果都表明, FGF21/PPARγ-脂联素轴在糖尿病、动脉粥样硬化及其相关疾病的发病机制中起着重要作用,可能是代谢性疾病治疗的新靶点。

1. PPARγ 的生理作用及其药物开发进展

PPARγ 主要在脂肪组织表达,是 PPAR 家族的成员之一,该家族主要调节脂肪形成、脂代谢、炎症,维持代谢平衡。PPARγ 的转录活性受激动剂和辅因子,以及自身的磷酸化状态调控。在人体中,PPARγ 是调控脂肪分化的主要调节因子,在脂代谢和糖代谢中扮演着重要角色,同时还调节免疫细胞的代谢、炎症、细胞增殖。

研究证实 PPARγ 是改善胰岛素敏感性、降低甘油三酯水平以及降低动脉粥样硬化风险的一个关键靶点。PPARγ 活性下降可促进瘦素和脂联素的表达,从而减少白色脂肪组织、骨骼肌和肝脏中的甘油三酯,并促进高脂诱导的肥胖和胰岛素抵抗的形成。PPARγ 基因敲除小鼠完全缺乏脂肪组织,表明 PPARγ 是脂肪分化、调节脂肪因子表达和其他关键脂肪细胞相关蛋白所必需的。同时,PPARγ 直接激活参与脂肪生成和脂肪代谢的基因,包括 LPL、ap2、15d-PGJ2、GLUT4、磷酸烯醇丙酮酸盐羧激酶。显性负突变的 PPARγ 与非正常早龄严重的胰岛素抵抗、发展中的 2 型糖尿病和高血压相关。PPARγ 可以在所有主要血管细胞进行表达,它的激活会抑制血管细胞的增殖和迁移,限制血管再狭窄和动脉粥样硬化。血管 PPARγ 通过与目的基因 Bmal1 结合调控血压和心率。PPARγ 激动剂罗格列酮能促进高血压转基因小鼠中血压和血管功能,PPARγ 也在人动脉粥样硬化病变部位的巨噬细胞中高表达,PPARγ 的活化可以抑制清道夫受体 A 的表达水平、炎症引起的炎症因子基因表达水平,提高氧化低密度脂蛋白的吸收。在动脉粥样硬化小鼠中直接应用 PPARγ 激动剂可通过 ABCA-1 非依赖性通路明显改善动脉粥样硬化,在 PPARγ 基因敲除小鼠中也发现了相似的作用。

最近研究表明,PPARγ 全受体激动剂如噻唑烷二酮(TZD)类药物(如曲格列酮、罗格列酮、吡格列酮)提高伴发胰岛素抵抗的 2 型糖尿病患者的胰岛素敏感性,具有抗糖尿病活性。曲格列酮(Rezulin)是第一个 TZD 药物,于 1997 年通过 FDA 审批;罗格列酮(Avandia)、吡格列酮(Actos)在 1999 年通过审核。这些噻唑烷二酮类药物或单一用药或和二甲双胍一起用药,在饮食和运动时和胰岛素一起用药,但单一剂量无法很好地控制血糖。同时,TZD 药物有利于改善心血管参数,如血压、炎症生物标记、内皮功能、纤溶状态。尽管有强大的抗糖尿病作用,但目前 PPARγ 全激动剂因为其促脂肪生成、骨损失、液体潴留等严重的副作用已退市。罗格列酮使用超过一年会增加患心肌梗死和心衰的风险。尤其值得注意的是,许多 PPARγ 部分激动剂如替米沙坦和巴格列酮被证实有临床抗糖尿病作用,并且与全激动剂相比副作用更少。因而研发新的具有强效的抗糖尿病活性和较少副作用的 PPARγ 部分激动剂是未来研究的方向。

2. FGF21 的生理作用及其药物开发进展

FGF21 作为 FGF19 子家族里的成员之一,主要在肝脏中表达,有多种代谢功能。研究证明肝脏里的 PPARα 能诱导 FGF21 的表达,而在脂肪细胞中 PPARγ 的激活可诱导 FGF21 的表达。与其他 FGFs 类似,FGF21 通过 FGFR 介导的通路发挥作用,因而 FGFR 抑制剂可阻断 FGF21 的作用。然而,FGF21 通过独特的方式激活 FGFRs,即依赖于 I 型跨膜蛋白 β-klotho。

FGF21 是能量稳态、糖脂代谢和胰岛素敏感性的重要调节因子。在生理上,FGF21 可增加脂肪酸氧化、生酮作用和诱导生长激素抵抗,在调控对禁食/饥饿的代谢应答里发挥重要的作用。药理上,重组 FGF21 可发挥抵抗啮齿类和灵长类动物的肥胖及其相关代谢紊乱的作用,包括减少肥胖和改善高血糖、高胰岛素血症、胰岛素抵抗、血脂异常、脂肪肝。另外,FGF21 是 PPARα 和 PPARγ 的下游靶点,越来越多的证据证明 PPARγ 激动剂(TZD)的降血糖和胰岛素增敏作用以及 PPARα 激动剂(非诺贝特)对血脂的治疗作用部分是由诱导 FGF21 所介导的。

近期本团队和其他的研究都证明了脂联素是 FGF21 的下游因子。外源性给予 FGF21 能促进脂肪细胞脂联素的表达和分泌,进而增加小鼠血浆中脂联素水平。另一方面,脂联素敲除小鼠能抵抗 FGF21 的治疗作用,包括减轻高血糖、高甘油三酯血症、胰岛素抵抗、肥胖小鼠的肝脂肪变性和肝损伤。有趣的是,FGF21 临床试验的结果已经证明了 FGF21 和脂联素之间的这种关系。

另外,本团队和其他相关研究证明了 FGF21 参与心血管疾病的发展进程。通过病例对照研究发现在动脉粥样硬化病人中 FGF21 循环水平增加,与颈动脉粥样硬化建立的独立心血管风险因素相关,表明 FGF21 在动脉粥样硬化的发病机制里扮演一个重要的角色。本课题组实验证明 FGF21 缺失能加剧伴随着低脂联素血症和严重的高胆固醇血症的 apoE$^{-/-}$ 小鼠动脉粥样硬化斑块形成和过早死亡。从机制上来说,FGF21 能通过两个独立机制防止 apoE$^{-/-}$ 小鼠动脉粥样硬化:诱导脂肪细胞脂联素的产生,脂联素能作用于血管来抑制新内膜的形成和巨噬细胞炎症;以及抑制肝脏中转录因子固醇调节元件结合蛋白 2(SREBP2),从而减少胆固醇的合成和减轻高胆固醇血症。总体而言,越来越多的人体实验和动物研究表明,FGF21 是能量平衡、脂质代谢以及胰岛素敏感性的一个重要调节者,提示 FGF21 可能是一个潜在的、新颖的且有吸引力的代谢疾病药物。

3. 脂联素的生理作用及其药物开发进展

脂联素作为分化 3T3-L1 前脂肪细胞的重要刺激因子于 1995 年首次被 Scherer PE 发现。此后,Meada K 证明了脂联素来源于脂肪细胞。脂联素是一个由 244 个氨基酸组成的多肽,能够自动组装三聚体甚至自聚为六聚体,通过靶细胞上的脂联素受体 1 和脂联素受体 2 的信号通路发挥作用。本研究团队和 Holland WL 研究团队已发现脂联素是 FGF21 特异性活性的调节因子，例如糖脂代谢、胰岛素敏感性和能量消耗。

临床研究发现，循环水平的脂联素与代谢综合征的各方面呈独立反相关，包括胰岛素抵抗、体重、血压和血脂。动物研究表明脂联素能够抑制包括 2 型糖尿病、肥胖、心血管疾病和炎症等代谢紊乱性疾病。

此外，脂联素的集聚能够抑制动脉粥样硬化早期血管损伤时单核细胞黏附动脉内皮细胞的过程。此外，研究发现上调脂联素抑制 ApoE$^{-/-}$ 小鼠的动脉粥样硬化的发展。这些结果说明脂联素这一重要的脂肪因子抑制动脉粥样硬化的血管病变，在动脉粥样硬化形成中扮演着保护作用。

早前研究表明脂联素的表达水平与胰岛素抵抗密切相关。在猕猴的胰岛素抵抗和 2 型糖尿病的发展过程中，脂联素的血清水平和脂肪组织的 mRNA 水平降低。有趣的是，脂联素给药能够改善小鼠胰岛素抵抗和葡萄糖耐受，恢复脂联素的表达和分泌，在糖尿病相关疾病中疗效显著。这些结果表明基于脂联素的新疗法可能是一种潜在的治疗代谢相关疾病的疗法。此外，我们已经证明脂联素能够通过促进自噬保护对乙酰氨基酚诱导的小鼠急性肝损伤。然而，由于极不溶性和多肽的大片段，开发全长的脂联素作为药物十分困难。筛选以脂联素受体为靶点的特异性化合物替代脂联素可能是一种可行的方法。此外，Okada-Iwabu 报道了一种合成的脂联素受体激动剂能够改善 db/db 小鼠胰岛素抵抗并延长其寿命。因此，开发口服给药的活性脂联素受体激动剂可能是一种治疗代谢性疾病的可行疗法。

三、结　　语

如上所述，FGF21、PPARγ 和脂联素在啮齿类动物和非啮齿类动物中均与代谢性疾病的进程相关，这三种蛋白在数十年前已成为开发治疗相关代谢疾病的药物的重要靶点。然而，这三种蛋白常连接成一条轴，即 FGF21/PPARγ-脂联素轴，在病理状态和生理条件下表现出它们的生物学功能，而并不是单独的功能。正如我们的研究结果和其他研究小组的结果，FGF21 通过减少胆固醇的产生和介导脂联素的表达保护动脉粥样硬化，说明 FGF21/PPARγ-脂联素轴不仅具有三种蛋白的单独特性，而且增强了单独一种蛋白在维持机体原料和能量合成的缺陷。因此，即使 FGF21、PPARγ 和脂联素早已分别成为开发抗代谢性疾病药物的重要靶点，我们认为 FGF21/PPARγ-脂联素轴将会成为开发新一代抗代谢性疾病相关药物的新型潜在靶点。

李校堃　1964 年生,白求恩医科大学本科及研究生毕业,中山医科大学博士毕业,现任温州医科大学校长,教育部长江学者特聘教授,浙江省生物技术制药重点实验室主任,浙江省药学重中之重一级学科带头人,中国医药生物技术学会副理事长。

长期从事以成纤维细胞生长因子(FGFs)为代表的生物技术药物基础与应用研究,先后承担完成国家重大新药创制、"863""973"、国家自然科学基金、国家新药创制重大专项等 20 余项国家级和省部级重大、重点课题。率领团队重点解决了以 FGFs 为代表的多肽蛋白类药物表达量低、规模化制备及纯化难、稳定性差、半衰期短等 FGFs 成药过程的系列关键技术难题,在国际上领先将多个重组 FGF 家族蛋白研制成新药并获得一类新药证书,广泛应用于临床严重烧创伤、溃疡及糖尿病并发症等的治疗,累积产值已经超过 15 亿元。

在针对 FGF 及其受体的基础研究方面,李校堃教授除系统研究了 FGF 促进组织修复作用的功能和机制之外,近年来他对 FGF 受体的结构生物学、FGF 家族新成员在代谢性疾病调控方面的作用和机制进行了深入研究,尤其是阐明了 FGF21 在 2 型糖尿病、肥胖及其心血管并发症发生发展过程中的分子机制,以及其作为 2 型糖尿病和动脉粥样硬化症的新型治疗药物的可能性,相关工作发表于 *Cell Metabolism*(2013)、*Journal of Hepatology*(2014)和 *Circulation*(2015)等杂志。李校堃教授以通讯作者共发表 SCI 论文 92 篇,其中 IF≥10 的期刊论文 8 篇;获授权发明专利 25 项,其领衔的 FGF 系列技术创新和新药开发荣获 2009 年国家技术发明奖二等奖。

同时,李校堃教授入选浙江省"特级专家"和"优秀共产党员",主编教材、专著 7 部;主讲的"生物技术制药"被评为"国家级精品课程";作为学科带头人的药学专业被评为"国家特色专业";当选"国家教学名师"和"全国优秀科技工作者";入选"卫生部有突出贡献中青年专家"和国家"万人计划",其科研团队入选"教育部创新团队"。

专题二

中医中药、中药资源

民族药创新发展路径

朱兆云

云南白药集团股份有限公司　云南省药物研究所

一、引　　言

"积极发展中医药和民族医药事业",涉及国家的卫生医疗方针和战略。民族医药是我国独特的卫生资源、潜力巨大的经济资源、具有原创优势的科技资源、优秀的文化资源、重要的生态资源。诸如藏药、蒙药、维药、傣药、苗药、彝药……不仅为人类健康谋福祉,还为少数民族地区经济发展做出了重要贡献。因此,民族药值得我们去发掘传承、去深入研究、去推动发展。

二、问　　题

如何更好地传承?如何更好地创新?这是民族药发展的核心问题。由于民族药散落民间,地处偏远交通不便,语言障碍,后继乏人,或无文字记载等,面临失传和被遗忘的危险;加之存在民族药基础研究薄弱、家底不明基原不清、持续发展受阻,科研条件有限、潜心研究人才不多等创新发展瓶颈。因此,抢救传承迫在眉睫,亟待加强现代科技的引入。

三、路　　径

笔者在 30 余年一线实践的基础上,结合现代技术理论与方法,创新思路,提出并带领团队实施基础研究与应用开发密切结合的民族药研究模式,探索出一条切实可行的民族药创新发展路径,即"资源调研→规范化研究→成果产业化并努力实现国际化",同时,平台及团队建设始终是创新发展的基础。

1. 资源调研

（1）民族用药经验调研

民族用药经验的调研主要包括两方面:一是深度挖掘文献资源;二是深入开展实地调查。调查过程始终遵循"尊重文化习俗、惠益分享、资料真实可溯"原则。在理论和方法上,充分借鉴、结合、吸纳和应用民族学、人类学等学科的发展成果。其技术要点如图1所示。

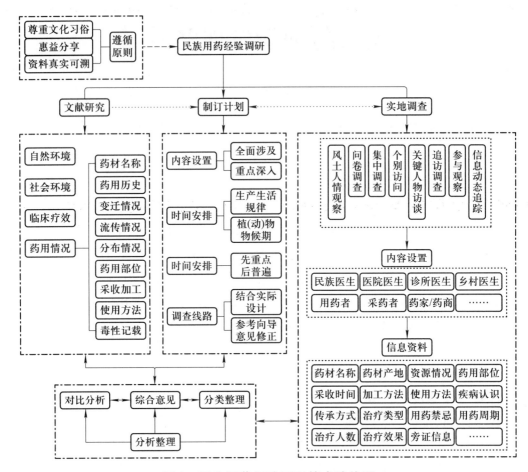

图1 民族用药经验调研技术路线图

（2）民族药用资源调查

民族药用资源调查,旨在通过实地调查,了解民族药用资源的种类、药用情况、蕴藏量、生态条件、利用现状等,并挖掘新资源。在调查的基础上,综合分析资源现状及其利用程度,评判其开发利用潜力,为民族药用资源的持续开发利用和保护管理对策的制定提供依据。以民族药用植物和动物资源为例,其传统调查的类型、方法、内容及目的如图2所示。

此外,为更好地满足调查和管理需求,在传统调查方法的基础上,可结合现代调查方法(如应用较广泛的以 GIS、GPS、RS 为核心的"3S"技术)进行调查。

（3）民族药鉴定研究

对于植(动)物药,需开展基原和药材生药两方面鉴定工作,以确保药用基原准确,保证用药安全有效。基原鉴定需采用植(动)物分类学原理和方法对民族药用植物、药用动物进行科学分类、鉴定和命名。植(动)物药材生药的品质

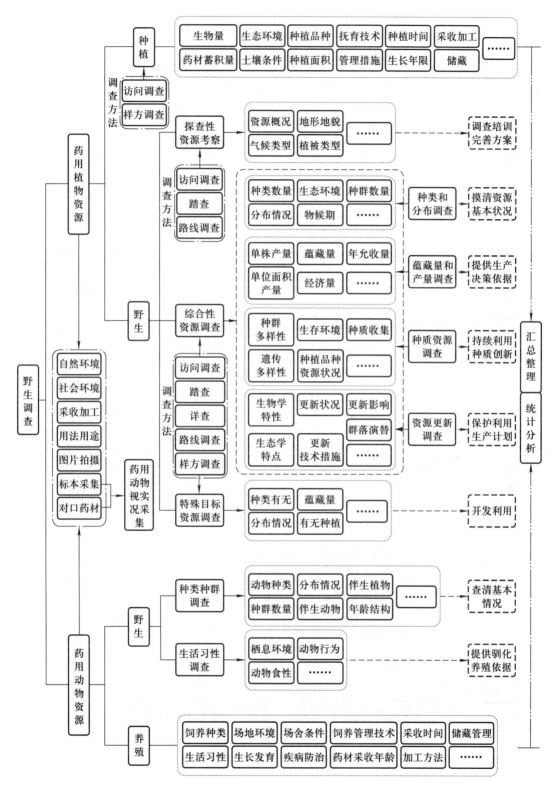

图 2　民族药用植(动)物资源调查技术路线图

鉴定则应依据《中华人民共和国药典》《中华人民共和国卫生部药品标准》及省、自治区、直辖市药品标准的技术规定，并参考有关资料或专著等开展鉴定工作。

矿物药的鉴定应依据《中华人民共和国药典》《中华人民共和国卫生部药品标准》及省、自治区、直辖市药品标准及参考有关资料或专著，充分运用矿物学、结晶学等学科的相关知识，借助常规测试手段及现代仪器分析方法，进行物理、化学性质的检测鉴定。

植(动)物药基原鉴定、药材生药鉴定以及矿物药鉴定研究技术要点如图3所示。

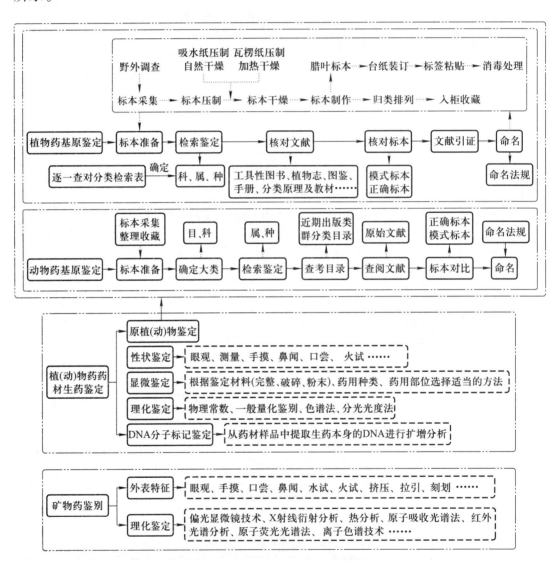

图3 民族药鉴定研究技术路线图

2. 规范化研究

国家食品药品监督管理总局（CFDA）发布的《药品注册管理办法》（以下简称《办法》）明确规定将民族药纳入中药、天然药物管理范围。民族药新药的申报参照《办法》附件一"中药、天然药物注册分类及申报资料要求"的规定执行。进入开发阶段的候选药物，应参照《办法》附件一相关规定，进行深入规范的药学、药理毒理和临床研究，以全面评价药物的安全性、有效性和质量可控性。

应用现代技术理论与方法对民族药进行二次开发，不仅是对已上市产品质量的提升，也是民族药知识产权保护的必要手段，更是保持民族药特色、推进民族药再创新的重要途径。以彝族药云南白药为例，在其散剂基础上成功开发了云南白药胶囊、云南白药气雾剂等云南白药核心系列产品，成为民族药二次开发的成功范例。

民族药规范化研究流程如图 4 所示。

3. 成果产业化

民族药产业化的核心是构建一条从民族药药材种植到民族药成品到达消费者手中的一体化产业链。包括民族药农业、民族药工业、民族药流通业和民族药知识产权业 4 个主体环节，如图 5、6 所示。各环节各部门之间相互联系、相互影响，前者依次为后者提供物质基础，后者又为前者提供必需的服务和导向，因此需不断加强民族药产业链各环节的链接，使各产业部门作用最大化，以提高民族药产业的综合效益。

4. 国际化的探讨

民族药的国际化，一般需要参照人用药品注册技术要求国际协调会议（ICH）、美国食品药品监督管理局（FDA）和欧洲药物管理局（EMA）的法规和指导原则系统开展临床前和临床研究，以证明其安全性，阐明其有效性，并实现化学成分的批间一致性，最终使其以药品，特别是处方药的形式在申报国上市销售。目前国内正在进行国际化研究的代表中药有复方丹参滴丸（加拿大上市，美国Ⅲ期临床）、地奥心血康（荷兰上市）、血脂康胶囊（荷兰上市，美国Ⅱ期临床）、康莱特注射液（美国Ⅲ期临床）、扶正化瘀片（美国Ⅱ期临床）和桂枝茯苓胶囊（美国Ⅱ期临床）等，其开发思路可为民族药的国际化研究提供借鉴。

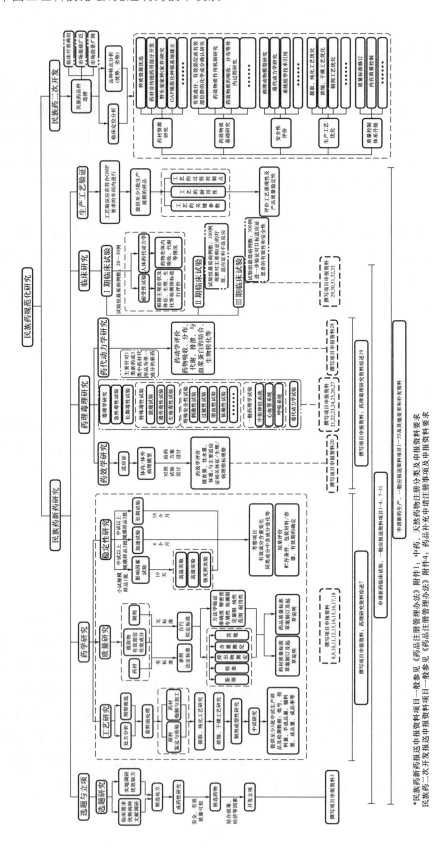

图4　民族药规范化研究流程

*民族药新药报送申报资料项目一般参见《药品注册管理办法》附件1：中药、天然药物注册分类及申报资料要求
民族药二次开发报送申报资料项目一般参见《药品注册管理办法》附件4：药品补充申请注册事项及申报资料要求

图 5　民族药产业化示意图

民族药国际化的主要工作包括:立项调研,化学、生产及质控(CMC)研究,非临床研究,临床研究,上市后研究,以及贯穿始终的注册申报工作。以申报 FDA 为例,所需开展的关键工作见图 7。其中,适应证选择需考虑在相关国家市场有无竞争产品、是否利于开展临床试验和效果评价。此外,选择处方和工艺简单的民族药开展国际化工作,可显著减轻 CMC 研究的工作难度。

5. 研究平台建设及团队培育

民族药研究平台包括资源、种植、化学、药理、制剂、药物安全性评价、注册与临床和知识产权研究平台,服务于新药研究与开发的所有环节(图 8)。平台建设应注重硬件投入、资源合理配置,平台运行应重视规范管理、聚焦成果产出、鼓励对外服务、注意经验及关键技术的总结,以不断促进自身完善和提升。

团队培育也是民族药创新发展的重要条件。民族药人才团队培育应从三个方面着手,即创造条件吸引人才;在实践中发现、培养和凝聚人才;充分提高科技人员的积极性,科学合理用好人才。

虽然民族药创新发展路径的实现是一项复杂而艰巨的系统工程,涉及方方面面,但通过以上 8 个实用性和可操作性强的技术路线图,可以简洁明了地诠释该系统工程,包括民族药创新发展的技术目标、社会目标和经济效益目标的成功实现。

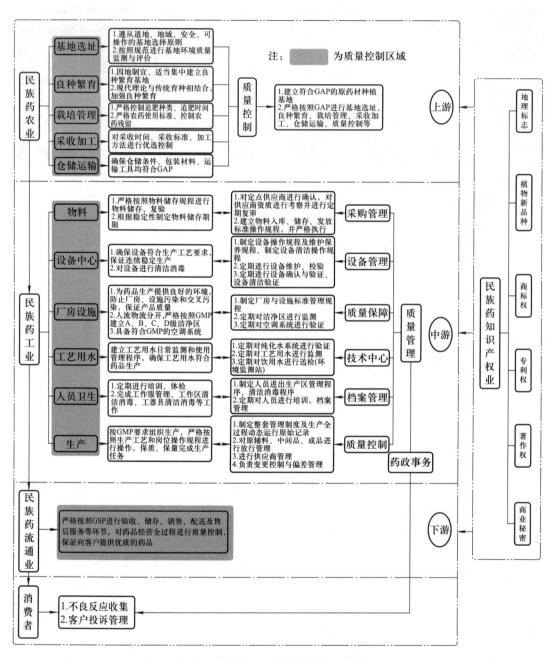

图 6　民族药产业化技术路线图

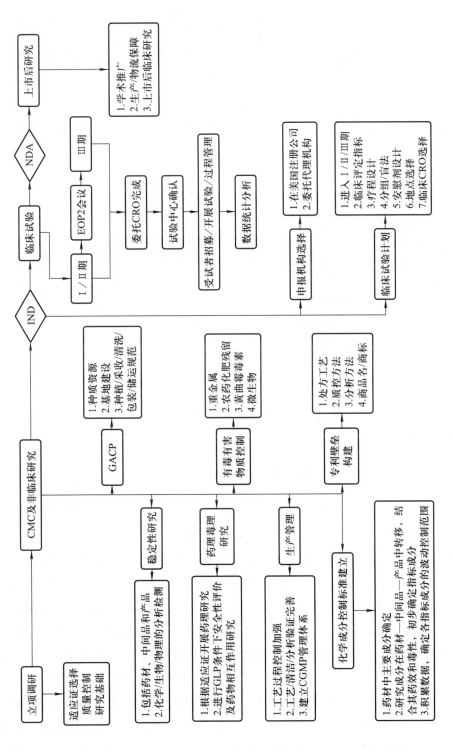

图 7 民族药国际化技术路线图

CMC:化学、生产及质控；GACP：种植和采收质量管理规范；GLP：药品非临床研究质量管理规范；CGMP：现行药品生产质量管理规范；IND：新药临床研究申请；EOP2：Ⅱ期临床研究组织；CRO：合同研究组织；CRO：合同研究组织；NDA：新药上市申请；

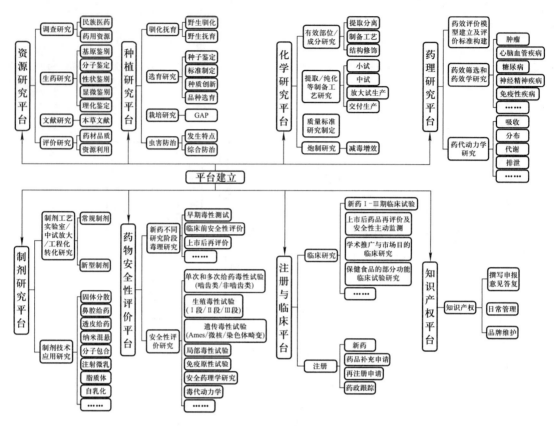

图 8 民族药研究平台建设

四、实 例

引用获得 2012 年度国家科学技术进步奖一等奖的"低纬高原地区天然药物资源野外调查与研究开发"项目实施为例,以求实证。

云南属我国独特的低纬高原地区,是少数民族种类最多、自然地理最为复杂、民族文化和生物资源最为多样的特殊生态区,孕育着极为丰富的民族药资源。研究团队采用基础研究与应用开发密切结合的研究模式,制定了"民族民间应用+生物学特性和生态学特点的基原+生态适应性"的融合研究方案,设计了覆盖完整气候带的调查路线,围绕低纬高原地区丰富的民族用药经验和药用资源展开系统深入的调研。翻译民族语言文字药名 5567 个,鉴定药物基原 1040 种,系统整理附方 5816 首,注释确证方中使用药物基原 1679 种;采集标本 11 082 种 80 378 份,鉴定确证基原,澄清同名异物或同物异名现象;发现新分布药用植物 93 种,新药用植物资源 451 种;主编出版《云南民族药志》《云南天然药物图鉴》等专著 5 部 20 卷 1078 万字,收载药物 4000 余种;建立 3 个共享信息数据库。

基于调查发掘源头，以民族民间传统用药经验为线索进行多学科药物筛选和评价，开展民族药新药创制研究，创制新药9个，其中6个进入国家基本药物和基本医疗保险药品目录。苗族药灯盏花素系列药物的开发是国内单味民族药开发的一个典范，具有很强的带动力和扩散力；金品系列5个药物是彝族药新药创制的成功范例，疗效显著。9个新药近3年累计销售额40.60亿元、利润4.76亿元、税收3.60亿元。建立起民族药研发体系及技术平台，培育创新团队。被认定为国家级企业技术中心、国家技术创新示范企业。

项目的实施为低纬高原民族地区药物资源科学保护和持续开发利用提供了基础的研究支持，为产业结构调整做出了积极贡献。研究成果在行业中得到了广泛应用，对推动行业科技发展和社会进步有重大意义。

同时，项目的研究也是民族药创新发展路径的探索和实践的过程。从实践到认识，从认识到实践，不断地总结升华。项目实施所取得的系列显著成果，有力证实了这一路径的切实可行性。鉴于低纬高原地区极为复杂的自然地理和极其丰富的生物多样性，该路径具有较强的代表性，可复制、可推广，为民族药创新发展提供了有益的借鉴。

朱兆云 1954年生，正高级工程师，主任药师，享受国务院政府特殊津贴专家。现任云南白药集团股份有限公司研发总监，云南省药物研究所所长，云南省民族药产业技术创新战略联盟理事长，西南民族药新产品开发国家地方联合工程研究中心主任，国家认定企业技术中心常务副主任。

30余年坚守在民族药工程科技领域，在总结长期一线实践经验的基础上，结合现代技术理论与方法，创新思路，踏实工作，提出并带领团队实施基础研究与应用开发密切结合的民族药研究模式，探索出一条可复制、可推广的民族药创新发展路径。为民族药的传承、创新及可持续发展做出了重要贡献。

发掘调查源头，构建以民族民间传统用药经验为线索的多学科药物筛选和评价体系。依据彝族医药理论，解决组方、剂型、工艺、质量标准设计及稳定性研究等关键技术，并组织完成药理、毒理及临床研究。取得6个已实施的国家发明专利，发明彝族药新药5个，其中2个进入国家基本医疗保险药品目录；近5年累计直接销售收入 6.20 亿元、利税 1.59 亿元。

基于痛舒胶囊和肿痛气雾剂显著的临床疗效及对美国市场的分析,组织团队正在开展符合 FDA 要求的临床前研究。对传统民族药云南白药主要产品进行质量评价分析,设计制定总技术方案,进行多环节、多方位的深入研究,以保障产品质量安全可控。规划、指导发展重要原料药材,促进民族地区经济收入增加。

作为第一完成人,获 2011 年云南省科学技术进步奖特等奖、2012 年国家科学技术进步奖一等奖、2014 年中华中医药学会个人中医药学术发展特别贡献奖。曾获"全国优秀科技工作者"和全国"五一"劳动奖章。

中药品质整合评价策略和方法

肖小河　　王伽伯　　牛　明　　张海珠

解放军第三〇二医院　全军中药研究所

一、引　言

1. 中药品质评价的现状及问题

中药品质是中医药临床疗效的根本保证,多年来中药品质评价与控制一直是中药现代化研究的重中之重。中药具有多成分、多功效和整体性的特点,然而,现行中药品质控制的基本模式主要为感官评价和化学评价,其中感官评价在判别药材真伪、优劣时发挥着重要作用,但是其主观性强、影响因素多、准确性和重现性较差;而化学评价主要是借鉴化学药品质量控制的模式而建立,指标性成分的定性定量分析是其主要内容。化学药品分子结构清楚,构效关系明确,鉴别、检查、含量测定可以直接作为其疗效评价的指标,但是中药成分复杂、功效多样,指标成分检测难以有效评价中药的品质,更难以反映中药的临床安全性和有效性。

2. 中药品质评价的发展方向

目前精准医学已成为国际生物医学发展的重要趋势,建立符合中医药特点且关联临床疗效和安全性的中药品质评价方法,是指导临床精准用药的关键内容,也是精准医学背景下中药现代化研究及实践的必然要求。为此,我们通过系统揭示中药多成分多功效的品质内涵及其与化学药和生物药在物质基础、质控策略和质控力方面的根本差异,提出了"不唯成分论质量,关联功效,精准质控;不就质量论质量,关联病证,辨质用药"的中药大质量观(Holistic Integrated Quality Control of TCM, HI-QC)的质控思想,在常规质控基础上,探索建立以生物效价为核心的中药品质整合评价策略和方法,通过对药效作用或生物活性的检测和度量,揭示中药的品质特征及其与功效用法的对应关系,解决了中药品质评价难以关切临床疗效和安全性的技术难题,弥补了感官评价和化学评价的不足,有效提升了中药品质的控制水平和效能,亦为实现临床个性化用药与优质优效提供了理论和技术支持,同时也推动和引领了国际中草药/植物药品质控制策略的创新发展。目前,生物评价方法已写入美国 FDA《植物药研发行业指南》(2016版),标志着国际中草药/植物药控制开始迈入化学和生物评价相结合的模式的时代。

3. 中药品质整合评价的设想

中药品质感官评价、化学评价和生物评价从不同角度揭示了中药品质的内涵和特征,形成了以优质性(一致性、安全性和优效性)为导向的中药品质评价方法体系。区分不同方法的技术优势,并按照科学的原则予以合理选择,是有效建立中药品质标准的关键。本文以临床需求为导向,在符合《中国药典》品质标准的基础上,整合感官评价、化学分析及生物评价等多种评价模式和技术手段的优势,通过揭示关联临床功效的中药品质特征,建立符合中医药特点的中药品质评价方法体系,为提升中药品质保证和临床科学用药水平,巩固和提高中医药临床疗效,促进中药标准化建设及中药产业的有序发展提供科技支撑和引领作用。

二、中药品质相关概念及评价方法简介

1. 品质(Brand Quality)

品质指中药及其相关产品的品种、产地、规格、等级、质量以及与其功能相关的属性。

2. 优效性(Superiority)

优效性指中药及其相关产品针对某一功效用途所表现出的临床疗效或生物效应的程度。

3. 安全性(Safety)

安全性指中药及其相关产品安全性的程度,包括中药自身的毒副作用以及外源性有害物质等。

4. 一致性(Consistency)

一致性指中药及其相关产品的品质相似性或稳定性程度。

5. 质控力(Quality Controllability)

质控力指中药品质评价指标能够反映临床疗效、安全性及一致性的能力。

评价指标与临床疗效的相关性越强,质控力就越强,越能反映中药品质的优劣。

6. 化学评价 (Chemical Evaluation)

化学评价指采用化学分析的手段检测和评价中药品质。

7. 生物评价 (Biological Evaluation)

生物评价指在特定的试验条件下,定性或定量评价供试药物作用于生物体系(整体动物、离体组织、器官、微生物和细胞以及相关生物因子等)所表达出的特定生物效应。

8. 直接活性测定 (Bioactivity Measurement)

直接活性测定指在特定的试验条件下,检测中药某种特定生物活性的强度或产生预期生物活性的量的评价方法。

9. 生物效价 (Biopotency)

生物效价指在特定的试验条件下,通过对比测试供试药物和对照品对生物体系的特定生物效应,按生物统计学计算出的供试药物相当于对照品的生物效应强度的单位(效价)。以评价毒性为目的的生物效价,又称为生物毒价(Toxic Potency)。

10. 生物效应表达谱 (Biological Response Profile)

生物效应表达谱指在特定的试验条件下,供试药物作用于生物体系所表达出的一组特征生物效应信息或图谱,包括基因表达谱、蛋白质表达谱、代谢物表达谱、细胞响应谱、生物热活性谱、生物自显影薄层色谱等。

11. 品质生物标志物 (Biomarker for Quality Evaluation)

品质生物标志物指能够反映中药真伪优劣的标示性生物物质或检测指标,应与一致性、安全性或优效性相关联,通常应具有一定的特异性。

12. 效应成分指数 (Effect Constituent Index)

效应成分指数指根据药效或活性成分的生物活性强度作为成分含量的权重,计算全部药效或活性成分的效应总和,作为综合性指标评价中药的整体品质,反映与中药某一特定功效用途相关的品质信息,通常是归一化的无量纲指标。

三、中药品质整合评价的基本策略

评价方法和指标与临床疗效的关联程度是中药品质评价的关键,各方法和指标与临床疗效的相关性越高,质控力就越强,越能反映中药品质的实际情况,因此,不同评价方法的质控力和适用性有所不同。评价方法的质控力按从大到小的顺序为:生物评价>化学评价>感官评价。生物评价适合于优效性和安全性评价,也可用于一致性评价;化学评价主要适用于一致性评价,以药效物质或者毒性物质为检测指标时,也可以用于优效性和安全性评价;感官评价主要用于一致性评价。

根据与临床功效的关联程度,在药典合格性检测的基础上,构建以药材规格等级、多组分化学表征、生物活性效价和效应成分指数为递进的中药品质整合评价方法体系即"质控力金字塔"(图 1)。根据特定中药品质评价的实际需求,可选择一种或多种评价方法进行单独或综合评价。中药品质评价应优先考虑效应成分指数、生物活性/效价等方法,以期指导临床辨质用药,保障中药的疗效和安全。

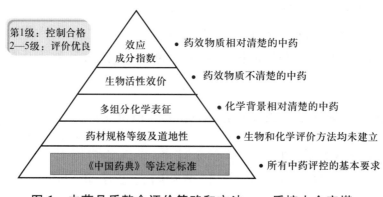

图 1　中药品质整合评价策略和方法——质控力金字塔

四、评价目标导向的中药品质整合评价策略和方法

中药品质评价重在"辨质用药",将以保障临床有效性和安全性、指导临床合理用药为目标,整合感官评价、化学评价和生物评价等多种评价模式和技术手段的优势,揭示符合临床功效的中药品质特征,建立关联临床功效的中药品质评价方法体系。中药品质评价内容可分为一致性评价、安全性评价和优效性评价。评价目标不同,适用的品质评价方法也有所区别,具体的推荐方法详见表 1 和表 2。

表 1　评价目标导向的中药品质整合评价策略和方法

评价目标	质量一致性	安全性质量	优效性质量
感官评价	• 规格一致性 • 等级一致性		• 药材商品规格等级
化学评价	• 化学指纹图谱 • 成分含量测定 • 成分溶出度	• 毒性成分含量测定 • 外源性有害物质含量测定	• 药效成分含量测定
生物评价	• 生物效应表达谱 • 效应成分指数 • 生物效价测定 • 生物活性测定 • 生物标志物	• 毒性成分指数 • 生物毒价测定 • 毒理学评价 • 生物标志物 • 生物效应表达谱	• 效应成分指数 • 生物效价测定 • 生物活性测定 • 生物标志物 • 生物效应表达谱

表 2　评价对象导向的中药品质整合评价策略和方法

评价对象		药材 及饮片	配方颗粒 及提取物	中成药 注射剂	中成药 非注射剂
感官评价	规格一致性	+	−	−	−
	等级一致性	+	−	−	−
化学评价	化学指纹图谱	±	+	+	+
	成分含量测定	+	+	+	+
	成分溶出度	−	+	−	+
	毒性成分含量测定 *	+	+	+	+
	外源有害物质控制	+	+	+	+
生物评价	生物效应表达谱	+	+	+	+
	效应成分指数	±	±	±	±
	生物效价测定	+	+	+	+
	生物活性测定	±	±	±	±
	生物标志物	±	±	±	±
	毒性成分指数 *	±	±	±	±
	生物毒价测定 *	+	+	+	+
	毒理学评价 *	±	±	±	±

注：* 表示安全性评价涉及的评价方法，以上评价方法均应基于药典。"−"：不推荐，"±"：根据需要和条件选择推荐，"+"：推荐

1. 一致性导向的中药品质整合评价策略和方法

一致性是中药品质评价的基本内容。中药品质一致性评价可分为规格等级一致性、化学成分一致性、生物效应一致性等。一致性评价应符合中药品质分析相关方法学的要求。化学成分一致性评价方法包括化学指纹图谱、成分含量测定、成分溶出度等。中药品质一致性评价的核心是生物效应一致性，生物效应一致性评价的方法包括生物效应表达谱、效应成分指数、生物效价测定、生物活性测定和生物标志物，评价指标包括相似度、变异度、共有特征等。

2. 安全性导向的中药品质整合评价策略和方法

安全性是中药品质评价的重要内容。中药品质安全性评价包括药品本身安全性评价以及外源性有害物质评控等。药品本身安全性评价方法包括有毒成分含量测定、毒性成分指数、生物毒价测定、毒理学评价、生物标志物、生物效应表达谱等。外源性有害物质包括农药残留量、重金属污染、微生物毒素等，其限度应参考《中华人民共和国药典》以及相关标准。

3. 优效性导向的中药品质整合评价策略和方法

优效性是临床中药品质评价的核心内容。优效性评价的方法有：基于效应成分指数、生物效价测定、生物活性测定、生物标志物、生物效应表达谱等的生物评价方法；基于药效成分含量测定的化学评价方法；以优效等级评价为目的的感官评价方法。其中药效成分含量测定和效应成分指数仅适用于药效物质明确或相对明确的中药。其他评价方法可根据中药类型以及药物的研究程度进行选择。

五、中药品质整合评价标准的确定原则

应根据特定中药产品的功效用途和评价目的确定中药品质评价的指标，并且可根据实际需求划定不同品质级别及限度范围，通常可采用优、良、中、差或数字等级对品质级别加以划分，或者采用明确的量化指标表示中药品质，供临床用药参考。

肖小河　1963 年生，中药学博士，博士生导师。现任解放军 302 医院中西医结合中心主任、全军中药研究所所长，兼任中华中医药学会常务理事兼中成药分会主任委员、全军中药专业委员会主任委员。

　　主要从事临床中药学研究。以临床重大需求为导向、理论传承创新和关键技术突破为驱动，创建了以"品-质-性-效-用"一体化评控为基础的中药转化医学研究模式和方法体系，研制开发了一系列精标饮片和新药制剂。以第一完成人获国家科学技术进步奖二等奖 2 项，获国家新药证书 1 个、新药临床批文 5 个，获国际和中国发明专利授权 22 项。作为第一或通讯作者发表论文 265 篇，其中 SCI 论文 113 篇，11 篇论文入选"领跑者 5000——中国精品科技期刊顶尖学术论文"；论文总引用次数达 5560 篇次，其中 SCI 期刊引用 830 篇次。主编《中药现代研究策论》《中国军事本草》等学术专著 3 部。

　　荣获首届中国中医药十大杰出青年、军队中医药"国医名师"、首批全军科技领军人才，是国家杰出青年科学基金获得者、"百千万人才工程"国家级人选和国家有突出贡献的中青年专家等。

中药材 DNA 条形码分子鉴定体系

陈士林

中国中医科学院中药研究所

一、引　言

由于本草记载差异和不同地区药用习惯的不同,中药材同名异物、同物异名的现象普遍存在,药材的代用品、习用品、混伪品较多,中药材品种混乱,导致一些中药安全性事件的发生,如 2000 年的马兜铃酸肾病事件,把含马兜铃酸的关木通和广防己误用为不含马兜铃酸的木通和粉防己;有毒土三七误当三七使用引起肝损害;亚香棒虫草混入冬虫夏草引起头晕、呕吐、心悸等;有剧毒的东莨菪根混入苍术中造成了"苍术造假"事件;洋金花混入凌霄花的中毒事件;含土大黄苷的土大黄误当大黄使用造成制售假药;山银花冒充金银花、人参中混入西洋参、桃仁中掺苦杏仁等混伪品问题(陈士林,2015)。2015 年 2 月,在美国纽约出现用 DNA 条形码检测绝大部分草药补充剂不合格的事件,导致新一轮的草药市场信任危机。虽然对用 DNA 条形码技术检测提取物仍存在极大的争议,并且美国 FDA 也在随后表示植物提取物应采用 DNA 条形码检测技术与其他方法联用进行身份验证,但该事件仍使美国 60 亿美元的植物提取物补充剂行业受到巨大的冲击。因此,中药材的真伪鉴别直接关系到用药安全以及科学研究的准确性,成为中药产业化和国际化的主要挑战之一,严重影响中医药的疗效和安全。然而,由于中药材品种繁多,中药材的传统鉴定方法,如形态、性状、显微和理化鉴定等在物种鉴定上仍存在一定的局限性,对切片或加工产品更难以实现准确鉴定。虽然常用的植物 DNA 分子标记技术如 RFLP、RAPD、SSR、ISSR、AFLP 等可以弥补和克服传统鉴定方法的一些缺陷和难题,但是往往存在通用性低、没有国际应用平台、不适于推广等缺点。

二、中药材 DNA 条形码分子鉴定体系的创建

DNA 条形码技术是近年来国际上发展起来的生物物种鉴定新技术,可通过一段较短的基因保守序列实现物种的快速、准确识别与鉴定(Schindel and Miller, 2005)。该方法不受样品形态和部位的限制,实验操作流程简单,结果重复性

和稳定性高,且具有通用性,非常适合用于中药材物种来源的鉴定(Chen et al.,2014;Li et al.,2015)。从 2005 年开始,本课题组以药用植物及其密切相关物种为研究对象,分析比较核基因序列、叶绿体基因组序列以及线粒体基因组序列在药用植物中的变异率,筛选出 ITS2 序列为最适合鉴定药用植物的 DNA 条形码序列(Chen et al.,2010;Yao et al.,2010),为中药材的基原鉴定提供了新的方法。该原创发现明显优于国际学术界推荐的其他条形码序列,为整个植物界潜在通用的条形码序列提供了新的视角,得到国际 DNA 条形码领域的广泛关注和认可。经过近十年的研究,基于大样本量的中药材 DNA 条形码鉴定研究,本课题组创建了中药材 DNA 条形码分子鉴定体系(图 1)。该体系包括 3 大块内容:以 ITS2+*psbA-trnH* 为主体的植物类药材 DNA 条形码鉴定体系和以 COI+ITS2 为主体的动物类药材 DNA 条形码鉴定体系,中药材 DNA 条形码数据库和鉴定系统,以及中药材 DNA 条形码分子标准操作流程(陈士林,2015)。中药材 DNA

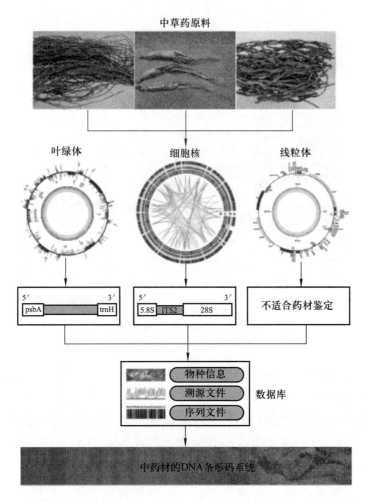

图 1　中药材 DNA 条形码分子鉴定体系的建立(Chen et al.,2014)

条形码数据库由样品数据库、序列数据库和文献数据库组成,用于存储中药材的样品采集信息、标准 DNA 条形码序列、相关研究资料和中药材 DNA 条形码鉴定标准操作流程(SOP),是实现中药材 DNA 条形码研究和中药材 DNA 条形码鉴定的重要生物信息学平台,是中药材 DNA 条形码鉴定法顺利实施的重要保障。基于该数据库,我们创建了中药材 DNA 条形码鉴定的网站平台 www. tcmbarcode. cn(图 2),中药监管部门、中药生产企业、中药研究单位和个人均可自由访问。该鉴定平台包括首页、物种鉴定、方法与流程、数据库、新闻资讯、文献资料、会员中心、联系我们等 8 个模块。序列数据库即药材的 DNA 条形码序列,其中植物药材以 ITS2 序列为主,以 *psbA-trnH* 为辅;动物药材以 COI 序列为主,以 ITS2 序列为辅。该数据库共收集 1 万余种 100 万余条中药材及其混伪品序列,其中包括基原物种样本、药材样本、对照药材和复核样本,涵盖 2010 版《中华人民共和国药典》收录的几乎所有动植物药材及其常见混伪品,同时包括美国、日本、欧盟、韩国和印度等国药典收载的 95% 以上的草药品种。

图 2   中药材 DNA 条形码数据库平台

物种鉴定模块用于实施 DNA 条形码序列鉴定,可用于鉴定的序列包括 ITS2、*psbA-trnH* 和 COI。方法与流程模块包括样品采集流程、DNA 提取流程、扩增和测序流程、序列拼接流程和物种鉴定流程,详述如下:① 样品采集流程,主要包括植物类药材和动物类药材的样品采集、前处理和保存;② DNA 提取流程,包括 DNA 提取的常用方法,进行中药材 DNA 提取的注意事项;③ 扩增和测序流程,包括 PCR 扩增方法和序列测定方法;④ 序列拼接流程,包括序列质量与方向的评价和序列拼接软件的应用;⑤ 物种鉴定流程,包含使用"物种鉴定"功能进行鉴定的基本方法。中药材 DNA 条形码鉴定体系为中药材建立了"基因分子身份证",从基因层面解决中药材与其常见混伪品的物种识别问题。"中药材 DNA 条形码分子鉴定指导原则"(陈士林等,2013)也已被收录《中华人民共和国药典》2010 版第三增补本,在中药鉴定学开拓了崭新的方法学领域。相关研究论文发表在《生物技术前沿》《生物学评述》《美国科学院院刊》等国际著名期刊上,单篇最高被引用超过 590 次。《中国药典中药材 DNA 条形码标准序列》专著的出版,产生了重大的学术影响。

三、中药材 DNA 条形码分子鉴定体系的研究实例

中药材 DNA 条形码分子鉴定体系成功应用于中药材及其混伪品鉴定的实例不胜枚举。

通过大量实验样本的收集研究,结果表明 ITS2 序列适用于豆科(Gao et al.,2010a)、蔷薇科(Pang et al.,2011)、菊科(Gao et al.,2010b)、芸香科(Luo et al.,2010)和大戟科(Pang et al.,2010)等多个科属的药用植物鉴定;研究还发现应用 ITS2 序列能够准确有效地鉴别名贵中药材冬虫夏草(Xiang et al.,2013)、人参和西洋参(Chen et al.,2013)以及常见中草药金银花(Hou et al.,2013)、枸杞(Xin et al.,2013)和皮类(Sun and Chen,2013)等中药材及其混伪品。应用 COI 序列能够快速准确地区分掺假、掺伪现象严重的动物药如马鹿、梅花鹿、麋鹿、黄麂、羚羊角、山羊角、鳖甲等角甲类药材(Yan et al.,2013),以及海马(张改霞等,2015)、蟾皮(樊佳佳等,2015)等。上述这些成功的研究实例表明,中药材 DNA 条形码鉴定体系在中药材物种鉴定中有着良好的准确性和稳定性。

此外,中药材 DNA 条形码鉴定体系还广泛应用于市场药材的真伪鉴定。如应用中草药 DNA 条形码鉴定技术构建了红景天属 10 个物种共 82 份样本的 ITS2 条形码数据库,并对 100 份购自药店及医院的红景天饮片进行基原物种鉴定,结果显示,仅有 40% 的供试样本为 2015 版《中华人民共和国药典》规定的红景天正品大花红景天,其余 60% 的供试样品为红景天的混伪品(图 3)(Xin et al.,2015)。基于 DNA 条形码鉴定技术,还陆续发展了一些中药材快速鉴定的方法。如含马兜铃酸类中药材的鉴定(Wu et al.,2015),本研究共收集马兜铃科的 4 个属(马兜铃属、细辛属、马蹄香属、线果兜铃属)及其混用物种 289 份,结果表明以 ITS2 为主、psbA-trnH 为辅的 DNA 条形码技术能快速准确地鉴别马兜铃科及其非马兜铃科混用物种。基于 ITS2 序列信息,设计了实时 PCR 的 TaqMan 探针,从而实现了含马兜铃酸植物的快速准确检测(图 4)。

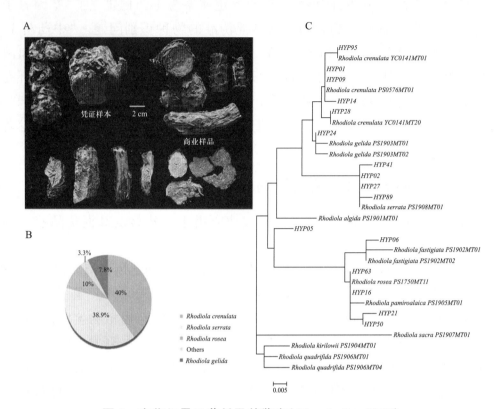

图3   市售红景天药材及其鉴定(Xin et al., 2015)

四、结　　语

　　中药材 DNA 条形码分子鉴定体系可以实现对中药材及其基原植物、中药材种子种苗、粉末以及细胞、组织等来源材料的物种的准确鉴定,对保障传统草药临床用药安全具有重大的现实意义。应用中药材 DNA 条形码分子鉴定体系对企业生产药材原料进行监管尤为重要,可从源头上保证原料药材的准确,为解决中草药混用和掺假等行业问题提供了强有力的工具,同时对药材市场流通监管、企业生产药材原料管控和公众临床用药安全起到重要的作用。中药材 DNA 条形码技术在鉴定领域被公认为是中药材从主观的眼观口尝到客观的基因判定的技术革命,它改变了生药鉴定学科被动追赶其他学科的局面,在鉴定学领域已处于国际学科前沿水平,中药材 DNA 条形码分子鉴定体系的创建和发展推动中药材鉴定迈入通用化、标准化的基因鉴定时代。

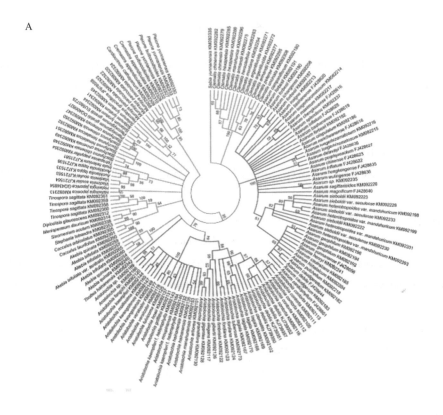

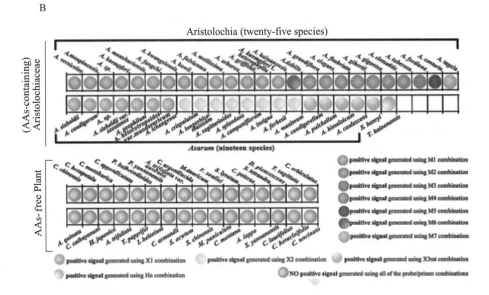

图 4　含马兜铃酸植物的 DNA 条形码(A)和 TaqMan 探针法鉴定(B)(Wu et al. , 2015)

参考文献

［1］ Chen SL, Pang XH, Song JY, et al. A renaissance in herbal medicine identification: from morphology to DNA. Biotechnol Adv,2014,32: 1237-1244.

［2］ Chen SL, Yao H, Han JP, et al. Validation of the ITS2 Region as a Novel DNA Barcode for Identifying Medicinal Plant Species. Plos One,2010,5:e8613.

［3］ Chen XC, Liao BS, Song JY, et al. A fast SNP identification and analysis of intraspecific variation in the medicinal Panax species based on DNA barcoding. Gene,2013,530: 39-43.

［4］ Gao T, Yao H, Song JY, et al. Identification of medicinal plants in the family Fabaceae using a potential DNA barcode ITS2. J Ethnopharmacol,2010a,130: 116-121.

［5］ Gao T, Yao H, Song J Y, et al. Evaluating the feasibility of using candidate DNA barcodes in discriminating species of the large Asteraceae family. BMC Evol Biol,2010b,10: 324.

［6］ Hou D, Song J, Shi L, et al. Stability and accuracy assessment of identification of traditional Chinese materia medica using DNA barcoding: a case study on Flos Lonicerae Japonicae. Biomed Res Int,2013,2013: 549037.

［7］ Li XW, Yang Y, Henry RJ, et al. Plant DNA barcoding: from gene to genome. Biol Rev Camb Philos Soc,2015,90: 157-166.

［8］ Luo K, Chen SL, Chen KL, et al. Assessment of candidate plant DNA barcodes using the Rutaceae family. Sci China Life Sci,2010,53: 701-708.

［9］ Pang XH, Song JY, Zhu YJ, et al. Using DNA barcoding to identify species within Euphorbiaceae. Planta Medica,2010,76: 1784-1786.

［10］ Pang XH, Song JY, Zhu YJ, et al. Applying plant DNA barcodes for Rosaceae species identification. Cladistics,2011,27: 165-170.

［11］ Schindel DE, and Miller SE. DNA barcoding a useful tool for taxonomists. Nature,2005 435: 17-17.

［12］ Sun ZY, and Chen SL. Identification of cortex herbs using the DNA barcode nrITS2. J Nat Med,2013,67: 296-302.

［13］ Wu L, Sun W, Wang B, et al. An integrated system for identifying the hidden assassins in traditional medicines containing aristolochic acids. Sci Rep,2015,5:11318.

［14］ Xiang L, Song J, Xin T, et al. DNA barcoding the commercial Chinese caterpillar fungus. FEMS Microbiol Lett,2013,347: 156-162.

［15］ Xin T, Li X, Yao H, et al. Survey of commercial Rhodiola products revealed species diversity and potential safety issues. Sci Rep,2015,5: 8337.

［16］ Xin TY, Yao H, Gao HH, et al. Super food Lycium barbarum (Solanaceae) traceability via an internal transcribed spacer 2 barcode. Food Res Int,2013,54: 1699-1704.

［17］ Yan D, Luo JY, Han YM, et al. Forensic DNA barcoding and bio-response studies of animal horn products used in traditional medicine. Plos One,2013,8：e55854.

[18]　Yao H，Song JY，Liu C，et al. Use of ITS2 region as the universal DNA barcode for plants and animals. Plos One,2010,5：e13102.

[19]　陈士林. 中国药典中药材 DNA 条形码标准序列. 北京：科学出版社,2015.

[20]　陈士林，姚辉，韩建萍. 中药材 DNA 条形码分子鉴定指导原则. 中国中药杂志, 2013,38：141−148.

[21]　樊佳佳，宋明，宋驰，等. 中药材蟾皮及其混伪品的 DNA 条形码鉴定研究. 中国药学杂志,2015,50：1292−1296.

[22]　张改霞，刘金欣，贾静，等. 基于 COI 条形码的海马药材及其混伪品分子鉴定. 中国药学杂志,2015,17:2.

陈士林　中国中医科学院中药研究所所长,世界卫生组织传统医学合作中心主任,欧亚科学院院士,中药全球化联盟(CGCM)副主席。兼任濒危药材繁育国家工程实验室主任,中国药学会中药与天然药物专业委员会主任委员,美国药典传统中药咨询组顾问等。教育部长江学者创新团队负责人,*Pharmaceutical Crops* 共同主编,*CHM*、《药学学报》副主编,*Plos One* 等十余种国内、外学术期刊编委。

创建了基于 ITS2 的中草药 DNA 条形码鉴定方法体系,出版专著《中国药典中药材 DNA 条形码标准序列》,从基因层面解决了传统中药材物种真伪鉴定的难题;通过全基因组解析提出灵芝为首个中药基原药用模式真菌,突破了传统中药研究缺乏真菌模式生物的瓶颈,论文在 *Nat Commun* 发表,被 *Nature China* 选为中国最佳研究亮点推介。完成中国中药材产地生态适宜性数值区划,以避免中药材盲目引种栽培及生产无序发展。获得国家科学技术进步奖二等奖 2 项、中华中医药学会自然科学奖一等奖 1 项、教育部科技进步奖一等奖 1 项。发表论文 300 余篇,其中 SCI 论文 180 余篇,包括国际著名期刊 *Nat Commun*、*Biotech Adv*、*PNAS*、*Nat Prod Rep*、*Biol Rev* 等,论文被他引 7200 余次。

中药资源化学研究与中药资源循环经济发展

段金廒

南京中医药大学
中药资源产业化与方剂创新药物国家地方联合工程研究中心
国家中医药管理局中药资源循环利用重点研究室
江苏省中药资源产业化过程协同创新中心

一、中药资源产业现状及发展趋势

中药资源是国家战略资源，是我国中药农业、中药工业和中医药健康服务业发展的物质基础与保障。近些年来，随着人们需求的不断增长，天然药用生物资源的更新速率与资源储量不敷应用，致濒致危因素不断加剧，野生药材资源的供给能力日益萎缩，濒危珍稀紧缺药材品种不断增加，从而导致占用大量农田等生产力要素开展药材原料的种植和养殖，以替代和补偿国内外需求缺口。然而，随着中药农业生产规模的大幅增长，种药材与种粮食争夺土地空间和生产资料的矛盾与日俱增；药材生产过程中产生的大量非药用部位、中药材深加工产业化过程中产生的巨量固液废弃物及副产物造成资源浪费和环境压力剧增，制约了中药产业提质增效和绿色发展。因此，中药资源的利用效率提升是实现资源节约型、环境友好型循环经济和保障医药事业可持续发展的重大战略问题。随着我国中医药事业的快速发展和资源产业链的拓展延伸，中药资源紧缺问题更加突出，利用率低下，中药废弃物处理和排放过程中造成的污染已成为行业发展面临的新问题，引起了业内的广泛关注。

1. 中药资源是人口健康用药需求和中医药事业发展的物质基础与根本保障

近年来，随着以消耗中药资源性原料为特征的资源产业不断扩张，原料需求激增，庞大的经济规模加速了自然资源的耗竭和人工替代与补偿资源的大量生产，同时产生了巨量的废弃物和环境承载压力，由此导致的诸多问题引起社会的广泛关注。据 2014 年我国医药行业 GDP 统计，中药产业的贡献率已占全国医药产业总额的 1/3。同时也造就了一大批年产值超过 10 亿、50 亿元,乃至百亿元人民币的标志性中药资源深加工制造企业,其企业规模、装备水平和 GMP 硬软件条件,以及产业能力处于国内外一流水平。然而,分析其经济生产方式和发展模式,大多仍属于大量生产、大量消耗和大量废弃的传统落后的生产方式,并由此导致对药材原料的需求不断扩大,依赖自然生态提供的天然药物资源濒于枯竭,环境和生态受到不同程度的破坏。即使通过人工生产以进行资源的替代和补偿,但也由于我国人口大国对粮食等生活物资生产需求的现实而与种植药材争夺土地空间和水资源的矛盾在不断加剧,加之中药农业生产过程及中小型中药制造企业和大中药健康产品生产企业所涉及的药材/饮片生产加工、资源性产品深加工、中药资源产业化过程的利用效率、技术水平、生产方式等尚滞后于现代经济产业发展的范式要求,因此仍普遍存在着资源浪费、产品附加值低、消纳量有限、再生利用薄弱、创新性缺乏等问题。导致中药农业环节占有大量的生产力要素,生产的药材作为中药工业深加工制造产业的原料,经水提、醇提或其他方式进行富集、纯化等工艺环节,进入口服制剂或标准提取物等各类型资源性产品生产阶段,药材原料的利用率平均低于30%,约70%的剩余物被作为废物排放或简单转化为低附加值产品利用。中药注射剂在中药产业体系中占有举足轻重的地位,然而其终端产品中资源性化学物质的含量仅是药材原料质量数的1%~10%,也就是说用于中药注射剂生产的药材资源利用率不足10%,其90%的物质量被废弃,造成了中药资源的大量浪费和废渣、废水的排放对生态环境带来的巨大压力。因此,不难看出中药资源产业的 GDP 越大,中药产业经济活动中的实物流量和资源消耗量就越大,生产过程产生的废渣、废水、废气等中药废弃物的排放量和环境压力就越大。这种传统工业的"高投入、高消耗、高排放、低产出"的落后经济发展方式和经济形态将日益受到更多的社会与环境制约而难以为继。

因此,有限的资源依赖于科技进步和社会发展所带来的更为高效的利用方式。其目的是科学合理地生产和利用中药资源,经济有效地延伸和发展中药经济产业链,构建中药循环经济产业发展的模式,推动实施中药产业可持续发展的生产方式。

2. 中药资源产业链结构及其资源循环利用是中药资源产业发展的必然趋势和必经之路

通过资源循环利用策略的引导和推行,从根本上转变中药农业和中药工业的经济增长方式,推进中药资源经济产业发展模式和生产方式的变革,改变中药产业"高投入、高消耗、高排放、低产出"的线性经济发展模式和生产方式,推进

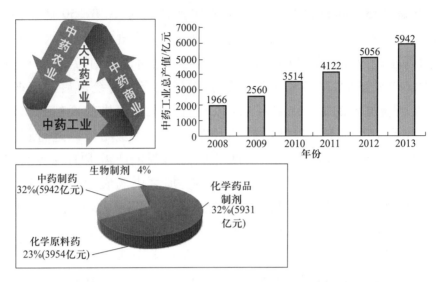

图1　中药资源产业已成为我国医药产业中发展态势最为强劲的行业

资源节约型和环境友好型中药资源循环经济体系的构建,保障中医药事业可持续发展。

循环经济作为新型的经济模式,具有节约材料、节约土地空间、节水环保、生态友好、低碳、创新资源价值和经济增长点、延伸资源经济产业链、增加就业等综合效益。资源循环利用对于建立和发展循环经济社会、推进循环经济产业模式的转变具有重要意义,没有资源循环利用产业的发展,就不可能建立真正意义上的循环经济和循环型社会。

中药资源循环利用是提升资源利用效率、节约资源的需要。围绕中药资源生产过程的减量化、再利用和资源化开展深入系统的科学研究,深入研究发展循环经济的技术支撑和保障,开发出一系列适宜中药资源深加工产业化过程所需的环境无害化、资源节约化的科学技术体系,有效推进中药资源的高效利用和循环利用,从根本上转变中药农业和中药工业的经济增长方式,改变长期以来依赖自然资源和依靠粗放、廉价、低效的资源耗竭式发展方式和层次结构相对较低的发展模式,解决和缓解我国经济发展对资源的需求量大而资源又相对短缺,以及庞大的经济规模和经济总量所带来的巨量废弃物和环境承载压力的问题。

在中药资源产业化过程中,通过现代提取分离、精制纯化等工业技术集成和材料科学的有效运用,通过深加工过程的工程技术革新与工艺条件优化,通过生物活性系统评价,发现药用生物资源的多宜性价值和新用途,实现综合利用,减少资源投入和消耗,降低生产成本,提升资源利用效率,节约生产力成本[7]。通过适宜技术集成和工艺条件优化,促进药材中资源性物质的有效转移和得率提高,减少资源投入;通过对药用生物资源各类物质的利用价值不断研究发现,以逐步实现有限资源的多元化、精细化利用,已成为减少资源消耗、推进低碳经济发展的推广模式;通过降低原料成本以提升产品竞争力,实现资源节约型和环境友好型的循环经济发展目标。

中药循环经济的建设与发展是一个复杂的系统工程,既涉及中医药领域,又涉及农业、工业、服务业等行业。基于系统化的思维对整个中药产业与资源生态系统进行分析设计,明确产业经济与生态经济的关系及其相关方面各自所承担的责任和义务,延伸了生产责任制度,并通过立法等约束手段强调生产者的责任,刺激生产责任方改变生产工艺、改进产品设计,采取绿色生产和循环利用的生态型经济模式,大力开发环境低负荷的产品,延伸资源经济产业链,产生新的经济增长点,构建代表先进的社会管理和经济发展模式的循环经济体系,促进中药资源产业结构按照循环发展、绿色发展的区域性资源经济布局、单元性行业集聚、结构性产业链延伸等方式进行调整和变革。

二、中药资源化学与资源循环利用

1. 资源循环利用

（1）资源循环利用背景

资源循环利用（circulating resources utilization）的概念起源于 20 世纪 60 年代,渐至 90 年代随着依赖于自然资源的重要工业资源危机和相伴而来的生态环境破坏等社会经济问题不断加剧,如何减少资源消耗、提高资源利用效率、减少排放以保护人们赖以生存的环境等社会、经济、科学问题摆在了世界各国政府、学者及产业界面前而无法回避,资源循环利用的理念及其新型的社会经济发展模式和生产方式被普遍认同和推行。发达国家更是率先采用循环利用的策略和经济变革方式,并有效应用于实践,一大批遵循循环利用方式的工业园区、产业集群、示范企业在政府及优惠政策的引导下迅速崛起,循环利用产业得到了社会的尊重和认可,循环经济效益给企业带来了新的经济增长空间和发展前景。90年代后期,我国引入循环利用的经济发展理念,一批经济学家、资源学家、管理专家和企业家结合本领域和行业实际进行了卓有成就的理论研究和具体实践,积累了经验,取得了良好成效。但从整体性和系统性角度来看,各行业循环利用及其循环经济发展模式的推进和转型尚不平衡。中药资源循环利用的程度和水平,以及中药资源循环经济产业模式的构建和生产方式的转型发展尚处于起步阶段。

中药资源循环利用是中药循环经济发展的前提,通过提高中药资源的利用效率和产业效益,减少资源的消耗和浪费,进而推进我国中药产业向着节约资源

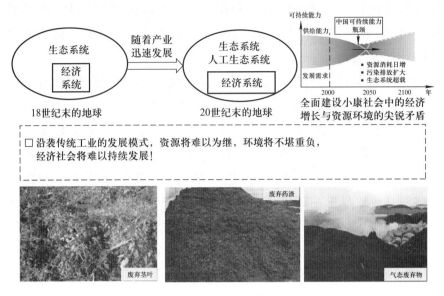

图 2   资源循环利用背景

和环境友好的循环经济产业模式转变和发展。资源循环利用的重要性在于其功能定位是直接面向资源产业化过程产生的各类型废弃物,并通过适宜技术集成和应用将其有效地转化为新生的产品和效益。因此,资源循环利用通过在资源产业化全过程推行资源的减量化、再利用、再循环的"3R"原则,将企业生产环节的废弃物质,通过技术、经济与管理措施实现无害化处理和减少污染物排放,同时回收有利用价值的资源性化学物质,提高资源的综合利用效率,具有公益性和经济性的双重特性,从而实现循环经济和生态经济的协调同步发展。

（2）循环经济的提出

循环经济起源于工业经济,其核心是工业物质的循环。循环经济是对物质闭环流动型经济的简称,本质上是一种生态经济,充分提高资源的利用效率。中药循环经济基于该理念,是倡导建立在物质不断循环利用基础上的经济发展模式,因此是一项复杂的科技工程,需要药学、生物学、化学、工程学等多学科领域的技术集成以及各方面人才的共同攻关、协同创新,解决制约大中药产业发展的关键技术瓶颈。因此,应具备健全的人才体系和技术支撑体系,这样才能有效保证中药循环经济发展的进程,实现中药循环利用与产业化发展的经济模式。

循环经济的核心目的是"变废物为财富"。通过提高资源利用效率,从源头减少废弃物的排放,实现物尽其用的目的,构建经济社会发展与资源、环境相互协调的良性循环经济体系和发展方式。这一重大的经济发展方式变革,尚需从方法论上,形成以理论为主导,以系统分析为主线,以实证研究为一体的范式,并结合现实问题,形成一个逻辑理想主义与经验实证主义相互协调、方向一致的研究路线;在理论创新上,从经济逻辑和系统思维两方面构建循环经济的理论基础,从产业组织形式、产业生态系统、市场实现机制、生产者责任延伸制度和资源配置机制等方面探讨循环经济的促进机制;在实践价值上,提高经验实证发现循环经济的本质问题和因果关系,建立模型,提出发展循环经济的政策建议。

中药循环经济的本质是发展生态经济。强调经济与生态的协调发展,注重整个资源产业链各环节物质的循环利用和生产、流通、消费全过程的资源节约,逐步实现中药资源产业向着强调生态系统与经济系统相互促进、相互协调的生态经济发展模式转变。循环经济发展模式要求实现中药资源产业从数量型的物质增长到质量效益型增长的变革,从中药资源经济产业链环状末端的终端治理到整个环状系统全过程的生态性与经济性双效益协调发展的过程设计与控制的变革,从而实现在大中药健康产业整个经济流程中系统地节约资源和减少废弃物,实现资源经济增长的减物质化。

从经济活动主体规模分析,中药循环经济发展模式主要表现为企业自身发展模式、区域生态工业园模式和社会层面的循环模式。在企业内部的循环特征为:推行绿色生产、资源和能源的综合利用、尽量减少废弃物的排放,最大限度地利用中药资源,同时提高中药资源利用效率及产品的品质等;区域生态工业园模式的基本特征为:通过中药及其生物医药领域企业间的物质集成、能量集成和信息集成与交换,形成产业间的代谢和共生耦合关系,使一家中药产品相关企业生产的废渣、废液等成为另一家企业的原料和能源,建立共生产业群;社会层面的循环发展模式则表现为:中药废弃物的回收再利用体系和社会循环经济体系,以实现消费过程中和消费后物质与能量的循环,以提高资源利用效率,减少废弃物的排放量。

在中药农业生产领域,通过对大宗常用中药材施以生产区域的科学规划和基地建设,实施机械化、规模化生产,有效提高生产力水平,真正改变目前千家万户、千差万别的生产方式和产品质量,以提升资源的生产效率,节约宝贵的土地空间。同时,在中药材种植生产、田间管理和采收过程中,因间苗、疏枝、疏果产生的废弃植株、枝条、茎叶、幼果,以及大量的非药用部位等,加之在药材初加工过程中因去栓皮、去核、去木心等,产生大量栓皮、果核、木心等废弃组织器官,尚具有多方面的应用价值和潜在的利用价值。充分利用上述的各种资源,开发应用它们的价值,由此而减少资源消耗、减少排放、节约土地空间和减轻生态负担。

在中药工业生产过程中不可避免地的产生大量的固体、液态和气体废弃物。中药固态废弃物以药渣为主体,尚包含固形沉淀物等。中药药渣的产生主要源于中药提取物、中药制剂、中药配方颗粒以及其他含中药的资源性产品等的制造过程,其中以中药制剂生产带来的废渣量最大,约占废弃药渣总量的70%。中药产品制造过程中产生大量的液态废弃物,其主要组成为水溶性的糖类、氨基酸、肽类及蛋白质、无机盐等营养性物质和糖苷类、生物碱类等次生产物,以及分离纯化过程中的各种有机溶剂等。中药深加工产品生产过程产生的气体废弃物,主要涉及芳香全草类药材挥发产生的单萜、倍半萜等小分子混合物,果实种子类药材挥发逸出的气态废弃物,以及富含蒽醌类等物质的药材及饮片干燥加工或处置过程产生的升华产物等。中药产品商业流通和消费过程中所产生的废弃物亦可将其进行回收利用或无害化处理,以减少资源浪费和造成环境的污染。

中药循环经济发展模式及其循环利用体系的构建,不仅注重资源的综合系统利用,还强调资源减量使用与高效利用,以实现资源节约和环境友好。循环经济是全过程、系统化地对其经济产业链进行系统规划和管理的经济活动方式。中药资源循环经济不仅包括中药工业环节及其产业形态,还包括中药农业原料生产的产业发展及服务流通环节;不仅包括中药资源产业化过程所涉及的生产领域,还包括中药资源性产品的消费领域以及整个社会的资源循环利用;不仅需要通过符合循环经济发展模式和生产方式的规划设计和科学管理,还需要通过政府和相关行业的统筹协调、市场经济驱动和社会公众积极参与下推动实施。

(3)循环经济的内涵与实质

循环经济是一种以资源的高效利用和循环利用为核心,以"减量化、再利用、资源化"为原则,以低消耗、低排放、高效率为基本特征,符合可持续发展理念的经济增长模式,是对"大量生产、大量消费、大量废弃"的传统增长模式的根本变革。

循环经济按照自然生态系统中物质循环共生的原理设计生产体系,将一个企业的废物或副产品,用作另一个企业的原料,通过废弃物交换和使用将不同企业联系在一起,形成"自然资源 →产品→ 资源再生利用"的物质循环过程,使生产和消费过程中投入的自然资源最少,将人类生产和生活活动对环境的危害或破坏降低到最小程度。

(4)循环经济工业发展模式

按照工业生态学的原理,通过企业间的物质集成、能量集成和信息集成,形成产业间的代谢和共生耦合关系,使一家工厂的废气、废水、废渣、废热或副产品成为另一家工厂的原料和能源,建立共生型生态工业发展模式。

2. 中药资源化学研究与资源循环利用

(1)中药资源化学为资源循环利用提供了有力的方法和技术支撑

中药资源化学的基本内涵是从资源学角度出发,研究中药资源中可利用化学物质(包括次生代谢产物和初生代谢产物)的时间、空间基本属性及其动态变化规律等；从化学物质的角度研究中药资源可利用物质的类型、结构、性质、质量、数量、存在与分布及其资源价值和利用途径等。中药资源化学是在天然产物化学、中药化学、植物化学、天然药物化学、中草药成分化学等相关学科的基础上与药用生物资源学等资源学科相结合衍化发展而来。其建设发展的目标是以资源性化学物质的研究发现、开发利用及循环经济发展为核心，服务于中药资源产业化全过程。依据社会关注和行业需求，形成了以化学与药用生物学相结合以阐明药材生产与加工过程的品质形成及其影响要素；化学与中药资源深加工产业相结合提高资源利用效率、延伸资源经济产业链等两大结合优势与学科特色。其最终目标是提升资源利用效率，实现中药资源的循环利用。

中药资源化学学科的任务是服务于中药资源生产与利用全过程，以药用植物、菌物、动物、矿物等再生和非再生资源为研究对象，注重从中药资源的生产和利用目的出发，研究药用资源生物体不同生长阶段、不同组织器官中次生与初生代谢产物的合成规律及其分布特征；研究生态环境诸因子影响资源性化学成分的积累动态与消长规律；研究濒危、珍稀、紧缺中药资源的替代和补偿；挖掘中药资源的多途径、多层次、精细化利用价值和潜在价值；研究中药资源产业化过程产生的传统非药用部位及深加工产品制造过程产生的固液废弃物等的循环利用与产业化；开展外来入侵药用生物的转化利用及其产业化等。目的是科学合理地生产和利用中药及天然药物资源，经济有效地延伸和发展资源经济产业链，实现中药资源产业与生态经济的可持续发展。遵循资源科学的基本规律，从资源的可用性和多宜性角度出发，开展中药资源化学研究及其资源循环利用与产业化工作。中药资源的循环利用的发展模式见图 3。中药资源化学研究方法与技术详见图 4。中药资源循环利用适宜技术群如图 5 所示。

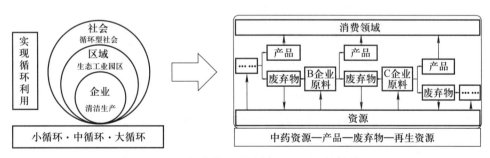

图 3　实现中药资源的循环利用的发展模式

（2）实现中药资源循环利用的产业价值链延伸

1）中药循环经济体系建设与发展的基础

中药资源作为中医药产业的物质基础，是中药资源产业链的源头，是资源产业化过程的基础和核心。因此，在大中药健康产业的产业化过程中，中药资源利

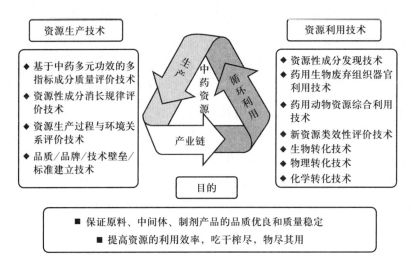

图 4 中药资源化学研究方法与技术

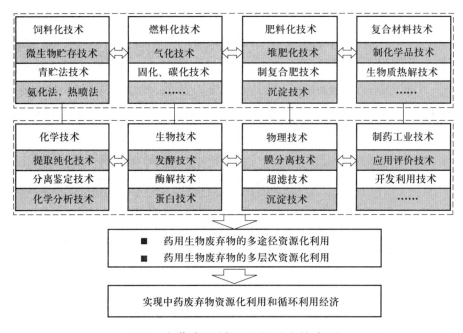

图 5 中药资源循环利用适宜技术群

用效率提升、资源多途径利用、废弃物的再利用和产业化等,是实现中药资源循环利用的重要途径和内容,也是构建我国中药循环经济产业及其可持续发展的迫切要求。

　　基于中药资源产业化过程存在的诸多制约产业发展的科学问题和关键技术,围绕药材生产与饮片加工等中药原料资源产业化过程;中药资源性产品深加工制造产业化过程;中药资源利用效率提升及循环经济发展过程等中药资源产业发展所面临的重大需求提供服务,通过中药资源化学及相关多学科互补交融形成的综合能力和集成优势,为中药行业及生物医药产业发展提供有效支撑,为循环经济发展做出贡献。

"中国将按照尊重自然、顺应自然、保护自然的理念,贯彻节约资源和保护环境的基本国策,更加自觉地推动绿色发展、循环发展、低碳发展,把生态文明建设融入经济—政治—文化—社会建设的各方面和全过程,形成节约资源、保护环境的空间格局、产业结构、生产方式、生活方式,为子孙后代留下天蓝、地绿、水清的生产生活环境。"这既是我国政府向国际社会做出的承诺,也指明了我国经济社会未来发展的方向。实现中药资源高效利用和发展环境友好型中药产业,从而实现经济社会效益与生态效益的相统一(图6)。

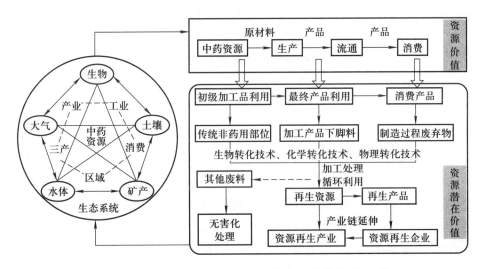

图 6　实现中药资源循环利用的产业价值链的延伸

2)中药资源循环经济运行模式的构建

循环经济按照自然生态系统中物质循环共生的原理设计生产体系,将一个企业的废弃物或副产物,用作另一个关联企业的生产原料,通过废弃物交换和再生利用将不同企业联系在一起,形成"自然资源产品资源再生利用"的物质循环过程,使生产和消费过程中投入的自然资源最少,将人类生产和生活活动对环境的危害或破坏降低到最小程度。按照工业生态学的原理,通过企业间的物质集成、能量集成和信息集成,形成产业间的代谢和共生耦合关系,建立共生型生态工业发展模式。中药资源循环利用过程体现了资源的多途径、多层次利用价值,结合中药资源及其废弃物的特点,促进中药资源产业化过程由传统线性生产方式向循环经济生态发展方式的根本性转变。中药资源循环经济发展模式如图7

所示。

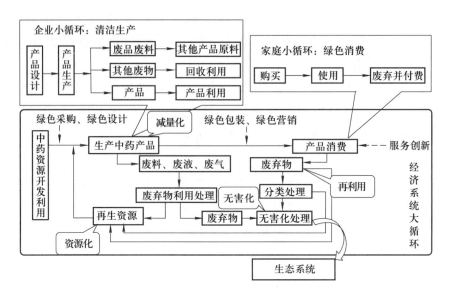

图 7　中药资源循环经济发展模式的构建

一个传统落后的产业链形态是线性的，从原料投入到产出是线性的。但是循环经济不是，循环经济是在每一个环节上都要延伸出产业，延伸出回收利用的新兴产业，不断地发现资源价值，这才是一个健康的产业，一个健康、良好发展的产业模式。

我们的供给能力大家现在最清楚，现在依赖自然资源提供的药材有多少？前30种大宗药材基本上依靠人工生产，或者是主体依靠人工生产，但是仍然不能满足我们快速增长的社会需求，这样就出现了资源供需矛盾的瓶颈。国际上的一些有识之士，提倡循环利用发展中国经济。在20世纪80年代末期至90年代国家发展和改革委员会开始考虑这个问题，相继出台了一系列保护环境、促进循环经济发展的政策和法规。

自然资源的生产量在显著下降，有一部分在丧失。现在的生态报告，国家在不停地扩展珍稀濒危物种，为什么？许多药用种质在丧失、在濒危。整体上，农业经济循环发展要比中药农业的循环发展快得多。现代工业的循环发展也要比中药制药的循环发展快得多。所以我们要更多地借鉴他们的一些先进技术来解决中药产业的问题。努力实现在产业化过程中，让再生资源形成再生产品，形成整个生态经济产业链。循环经济发展是一种理念，在理念指导下大家才能有所作为。

循环经济的发展一定要实事求是，根据当地的经济水平、生产力水平和所谓的废弃物。实际上没有废弃物。废弃物在今天没有利用，沦为废弃物。它就是资源,再生资源。我们要实事求是,围绕着三个板块。非药用部位也是相对的,我们的老祖先没有说这是药用的、那是非药用的,比如,产生的下脚料都是有用的。

三、中药资源循环利用研究示例

中药资源化学科学研究最突出的特征和最重要的目标就是通过多学科交融、适宜技术集成以降低中药资源产业化过程各环节的资源消耗,通过提高资源利用效率以实现节约中药资源的目的。通过对适宜技术的集成和综合创新,推进中药资源产业走科技先导型、资源节约型、环境友好型的发展之路。以下列举实例以阐述中药资源循环经济的推动和发展。

1. 丹参资源循环利用研究示例

丹参为唇形科植物丹参(Salvia miltiorrhiza Bge.)的干燥根和根茎,其始载于《神农本草经》,以后历代本草均有收载,如《本草纲目》《本经》所述:心腹邪气,肠鸣幽幽如走水,寒热积聚,破癥除瘕,止烦满,益气。味苦,无毒,性微寒,入心、肝经,具有活血化瘀、调经止痛、凉血消痈、清心除烦、养血安神的功效。药理作用研究表明,丹参具有抗氧化、抗凝血、抗心脑缺血、调节血脂、抗菌消炎、抗肿瘤、扩张血管等作用。在其药材生产过程中产生大量的丹参地上部分,未被有效利用而废弃,造成资源浪费和环境污染。在丹参药材制剂生产过程中又产生大量的丹参药渣、醇沉沉淀物等固液态废弃物,未被有效回收利用而废弃,造成环境污染和资源性物质的流失。因此,在丹参资源产业化过程中各环节产生的固液态废弃物值得深入挖掘其资源价值和开发新价值,开展资源化利用和产业化开发研究(图8)。

四天前在菏泽某丹参生产厂参观,该厂一年有几百吨的废渣。丹参类注射液生产制备过程多采用水提醇沉工艺,该制备工艺使得丹参中的脂溶性丹参酮类成分不能被提取而残留于固体废弃物中。丹参酮怎么利用,还有一些政策的制约。丹参酮的回收利用能产生一定的经济效益和生态效益,同时又可将废弃物有效利用。在丹参酮利用后剩余药渣中所含的纤维素、半纤维素类物质还可利用,经糖化处理、微生物发酵等生物转化技术,获得的糖类物质可用于菌丝的培养基;或发酵为蛋白饲料作为饲料添加剂等,最后实现零排放的产业模式。可见,丹参资源的多途径、多层次利用,可提升其资源利用效率、延伸资源经济产业链,从而促进中药资源产业的发展。

丹参叶早在清代《医方守约》中就有药用的记载:"丹参叶捣烂,合酒糟敷乳,肿初起立消";在《山东药用植物志》中记载有:"丹参茎叶具有活血化瘀,清心除烦之功效"。目前,丹参茎叶已被收录《陕西省中药材标准》。现代研究报

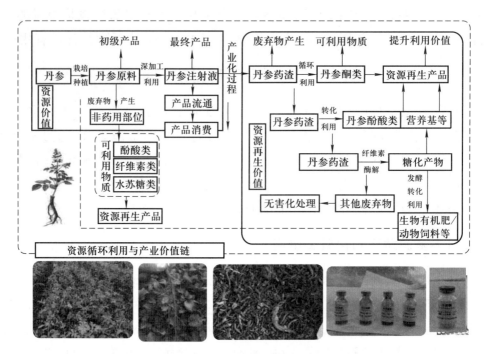

图 8　丹参资源产业化过程的循环利用研究

道丹参茎叶具有抗菌、抗病毒、抗肿瘤、抗氧化、活血化瘀等多种生物活性,可用于血栓、冠心病等心血管疾病以及糖尿病糖代谢紊乱等症的治疗,丹参花可配制成丹参花露饮品,具有扩张血管、预防心血管疾病的保健功效。丹参地上部分作为丹参的非药用部位,含有与丹参相同或相似的化学成分和药理作用,仅存在含量多少和药效强弱的差异,在丹参地上部分中还发现了新的化学成分及作用。因此,丹参茎叶可作为丹参新药源加以开发利用,提升丹参资源的利用效率。丹参废弃茎叶中资源性化学成分及其潜在利用价值如图 9 所示。

2. 银杏资源产业链与循环利用研究示例

银杏是被称为裸子植物的"活化石",由于其叶的提取物在心脑血管系统疾病方面独特的生理作用,而受到国内外学者的重视。银杏叶的有效成分主要是黄酮类和萜内酯类。此外,还含有聚戊烯醇、多糖、烷基酚酸类、甾类、氨基酸和微量元素等。在其药材生产与制剂生产过程中(图 10)产生大量的银杏落叶、银杏根皮、银杏外种皮以及银杏内酯注射液生产过程产生的银杏叶药渣等,均未被有效利用或有效处置,造成资源浪费和环境污染。这些废弃的资源中富含聚戊烯醇类、黄酮类、多糖类等资源性物质,具有较好的应用前景(图 11)。循环利用的核心目的是"变废物为财富",通过提高资源利用效率,从源头减少废弃物的排放,实现物尽其用的目的,构建经济社会发展与资源、环境相互协调的、良性的

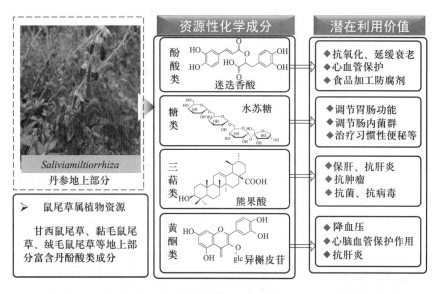

图9　丹参废弃茎叶中资源性化学成分及其潜在利用价值

循环经济体系和发展方式。

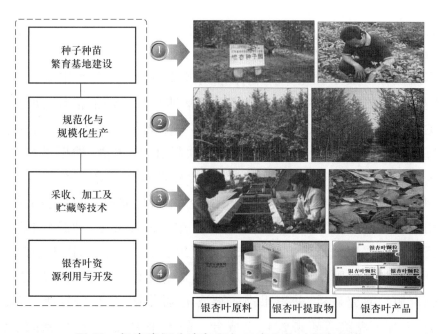

图10　银杏资源生产与深加工产业化过程各环节

3. 酸枣资源综合利用模式

我国酸枣资源丰富,除黑龙江省、西藏自治区等省区外,位于北纬 23~43°的

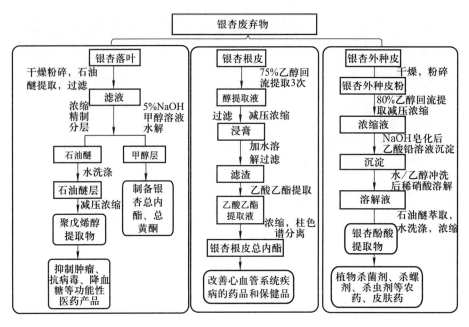

图 11　银杏资源产业链与循环利用研究示例

省区均有分布。其中尤以山西、陕西、河北、河南、山东、辽宁等省地的低山丘陵区为多,约占资源总量的 90%。

酸枣成熟种子酸枣仁是中医临床常用的安神药物,主要用于神经衰弱、失眠、多梦及以情绪或神志障碍为主要表现的精神系统疾病的治疗,现已开发的成方制剂主要有安神胶囊、安神宝颗粒、复方枣仁胶囊等。酸枣果肉营养物质含量丰富,目前在食品领域多有应用,如酸枣汁饮料、酸枣果酒、酸枣果醋等。此外,酸枣果肉尚可用于出血、腹泻等症的治疗;酸枣花可用于治疗金疮内漏、目昏不明;酸枣叶可用于治疗臁疮;酸枣刺可用于治疗痈肿、喉痹、尿血、腹痛等症;酸枣树皮可用于治疗烧烫伤、外伤出血;酸枣根可用于治疗失眠、神经衰弱等症。

中药材酸枣仁产地加工方法为采集酸枣果实,浸泡过夜,搓去果肉,捞出,碾破核壳,淘取酸枣仁,晒干,生用或炒用。在上述过程中产生大量的酸枣果肉及酸枣核壳资源。研究显示,酸枣果肉主要含有葡萄糖、果糖等糖类,以及小分子有机酸类、五环三萜类等资源性化学成分。酸枣果肉经水浸提、糖酸度调整、高温灭菌可制成酸枣汁饮料;经加水溶胀后干酵母菌发酵、乳酸菌发酵降酸、陈化处理、调配勾兑可制得酸枣果酒;经选果破皮、酒精发酵、醋酸发酵、澄清过滤、勾兑制得酸枣果醋。

此外,酸枣果皮及果肉中存在较为丰富的纤维素和半纤维素类资源性产物,可用于制作酸枣膳食纤维;果肉中含大量的果糖、葡萄糖等糖类资源性化学成分,可制成酸枣果葡糖浆用于食品工业;含有的小分子有机酸及酚类资源性化学成分具有抗氧化活性,可用于制作具有抗氧化功能的保健食品;含有的三萜酸类资源性化学成分具有抗菌、抗肿瘤等活性,可用于抗肿瘤药物开发。通过以上多途径综合开发,可实现酸枣果肉资源的高效利用。此外,酸枣果肉尚含有苹果酸等具酸味成分以及果糖等甜味成分,口味酸甜,在食品工业常用作天然矫味剂。酸枣果肉系统利用与产业化模式如图12所示。

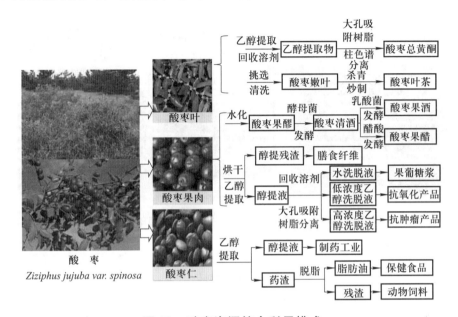

图 12   酸枣资源综合利用模式

4. 资源性产品制造过程液体废弃物的回收利用

中药"标准提取物"及以消耗中药及天然药用生物资源为特征的资源性产品制造过程中产生大量的含有天然有机物的液态废弃物,其主要含有纤维素、半纤维素、糖类和蛋白质等各种天然产物,以及分离纯化过程中的各种有机溶剂等。中药液态废弃物主要来源有以下几部分:前处理车间清洗原料废水,提取车间提取废水和部分提取液以及过滤后的污水,浓缩制剂车间废水,蒸汽冷凝水和处理离子交换树脂酸碱液的中和水,罐体清洗、管道及地面冲洗水等。中药液态废弃物通常属于较难处理的高浓度有机废水之一,因提取物产品不同、生产工艺不同而差异较大,水质波动较大,COD(废水用化学药剂氧化时所消耗的氧量)可高达 6000 mg/L,BOD(废水用微生物氧化所消耗的氧量,称为生物需氧量)可达 2500 mg/L。

中药资源性产品制造过程液体废弃物现在大多是停留在粗放发展模式,亟须利用现代科学技术如膜技术等对液态废弃物中可利用资源性物质或毒害物质进行富集制备,对废水进行无害化处理等(图 13)。

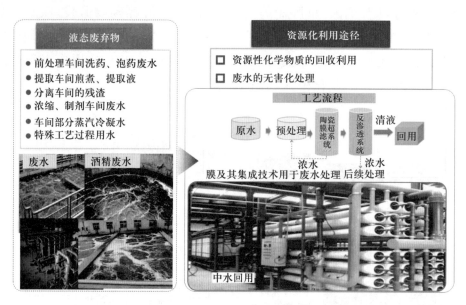

图 13　资源性产品制造过程液体废弃物的回收利用

参考文献

[1]　段金廒.中药资源化学研究技术体系的建立及其应用.中国药科大学学报,2012,43(4):289-292.

[2]　段金廒.中药废弃物的资源化利用.北京:化学工业出版社,2013.

[3]　段金廒.中药资源化学——理论基础与资源循环利用.北京:科学出版社,2015.

[4]　段金廒,陈士林.中药资源化学.北京:中国中医药出版社,2013.

[5]　段金廒,宿树兰,郭盛,等.中药废弃物的转化增效资源化模式及其研究与实践.中国中药杂志,2013,38(24):1-7.

[6]　段金廒,宿树兰,郭盛,等.中药资源产业化过程废弃物的产生及其利用策略与资源化模式.中草药,2013,44(20):1-9.

[7]　段金廒,宿树兰,郭盛,等.中药资源化学研究与中药资源循环利用途径及目标任务.2015,40(13):69-75.

[8]　段金廒,宿树兰,钱大玮,等.中药资源化学研究思路方法与进展.中国天然药物,2009,7(5):333-340.

[9]　段金廒,吴启南,宿树兰,等.中药资源化学学科建立与发展.中草药,2012,43(7):1-8.

[10]　段金廒,张伯礼,宿树兰,等.基于循环经济理论的中药资源循环利用策略与模式探讨.中草药,2015,12:1715-1722.

［11］　段金廒，周荣汉. 天然药物资源的有效利用与可持续发展. 自然资源学报，1998（增刊）：98.

［12］　段金廒，周荣汉，宿树兰，等. 我国中药资源学科发展现状及展望. 自然资源学报，2009，24（3）：378-386.

［13］　冯之俊. 循环经济导论. 北京：人民出版社，2004.

［14］　江曙，刘培，段金廒，等. 基于微生物转化的中药废弃物利用价值提升策略探讨. 世界科学技术—中医药现代化，2014，6：1210-1216.

［15］　申俊龙，魏鲁霞，汤莉娜，等. 中药资源价值评估体系研究——基于价值链视角的分析. 价格理论与实践，2014，3：112-114.

［16］　沈镭. 资源的循环特征与循环经济政策. 资源科学，2005，27（1）：32-38.

［17］　孙可伟. 基于循环经济的工业废弃物资源化模式研究. 中国资源综合利用，2000（1）：10-14.

［18］　孙振钧，袁振宏，张夫道. 农业废弃物资源化与农村生物质资源战略研究报告. 国家中长期科学和技术发展规划战略研究，2004.

［19］　孙智君. 基于农业废弃物资源化利用的农业循环经济发展模式探讨. 生态经济：学术版，2008（1）：197-199.

［20］　吴薛明，许婷婷，何冰芳，等. 非水相生物转化体系的建立及其在中药废弃物资源化中的应用. 中草药，2015，3：313-319.

［21］　肖培根，王永炎. 中药资源与科学发展观. 中国中药杂志，2004，5：5-6.

［22］　杨磊，夏禄华，张衷华，等. 植物提取生产中固形废弃物生态化利用的现状及发展趋势. 现代化工，2008，28（4）：14-18.

［23］　杨军锋，王军. 循环经济：学理基础与促进机制. 北京：化学工业出版社，2001.

［24］　张伯礼. 中医药事业发展与中药材资源. 中药及天然药物资源国际学术研讨会暨 CS-NR 天然药物专业委员会第十一届学术年会，江苏南京，2014-10-16.

［25］　张静波，刘志峰. 基于循环经济的工业废弃物资源化模式的社会效益评价. 铜陵学院学报，2006（6）：76-79.

［26］　郑志国. 循环利用资源的六种方法—以马克思的分析为基点. 岭南学刊，2007（5）：82-86.

［27］　周启星，魏树和，曾文炉，等. 资源循环利用学科发展报告. 北京：科学出版社，2004.

［28］　邹成俊，赖长浩. 固体废物资源化产业发展路径探索. 中国环保产业，2005，11：7-10.

［29］　朱华旭，段金廒，郭立玮，等. 基于膜科学技术的中药废弃物资源化原理及其应用实践. 中国中药杂志，2014，9：1728-1732.

段金廒　1956 年 10 月生，宁夏中卫人。现为南京中医药大学教授、博士生导师，中药资源产业化与方剂创新药物国家地方联合工程研究中心主任，国家中医药管理局中药资源循环利用重点研究室主任，江苏省中药资源产业化过程协同创新中心主任，江苏省方剂研究重点实验室主任，江苏省方剂高技术研究重点实验室主任，江苏省理血方剂创新药物工程中心主任。兼任中国药科大学、江苏大学、英国女王大学、中国医学科学院药用植物研究所、陕西中医学院、甘肃中医学院等大学和科研院所客座或特聘教授。国务院学位委员会学科评议组成员，中华人民共和国第十届药典委员会委员，中华中医药学会理事，中国自然资源学会理事及中国自然资源学会天然药物资源专业委员会主任委员，国家自然科学基金委员会专家评审组成员，国家食品药品监督管理总局食品与药品评审专家组成员等。

长期致力于中药资源化学与资源循环利用、中药配伍关系及其规律性的科技创新及学科建设工作。作为国家"973"首席科学家先后承担国家科技支撑计划、国家自然科学基金及省重大基础研究项目等 20 余项。获得国家科学技术进步奖二等奖 2 项、教育部自然科学奖一等奖及科技进步奖一等奖各 1 项、其他省级科学技术进步奖 6 项。申请国家专利 154 项，已获授权 87 项，其中 27 项已转化应用。研制中药新药、新药材及功能性产品 18 个，实现经济效益 73 亿元。以第一或通讯作者发表学术论文 521 篇，SCI 收录 213 篇，总影响因子 561.7，最高影响因子 45.6。主编学术专著 7 部；作为总主编主持编写出版了《中药资源与开发》专业本科系列规划教材，填补了该类教材空白。

荣获全国优秀科技工作者、江苏省优秀科技工作者荣誉称号，江苏省"333 高层次人才培养工程"第一层次培养对象及首批中青年科技领军人才，江苏省普通高等学校"青蓝工程"科技创新团队带头人，江苏省"六大人才高峰"A 类培养对象，江苏省有突出贡献的中青年专家，江苏省"中药资源化学与方剂效应物质基础研究优秀人才集体"带头人，中国自然资源学会优秀科技奖、江苏省十佳中药人物、江苏省"五一"劳动奖章获得者等。

中药药代动力学研究在中药现代化研究中的角色

李　川

中国科学院上海药物研究所
中药药代动力学实验室

一、中药现代化需要提示中药的药效物质基础

1. 中药现代化

由于发展历程的不同及自身的复杂性,对中药药用价值的评价标准尚低于以化学药品(简称化药)为代表的现代药物标准,中药的临床合理使用目前尚缺乏足够的科技支持。

中药现代化,是我国中药产业发展的需求,就是用现代科学的原理与语言,阐明中药的有效性、安全性和质量一致性,获得让人听得懂、能相信的证据。为此,与安全性相关的物质非常重要。

2. 针对中药药效物质基础的科学假说

中药的疗效主要取决于一部分"类药属性"较好的关键成分,而非其所含的全部化学成分[Drug Metab Dispos(2008);Drug Metab Dispos(2015a)]。

中药成分的"类药属性"包括:

(1) 与中药疗效关联的药理活性;

(2) 较大的安全窗;

(3) 适合药代属性;

(4) 较高的含量;

(5) 与其他药物能"和谐相处"。

二、开展中药多成分药代动力学研究的思路

1. 药物起效:既要有活性,也要有浓度

判断中药成分的重要性:药效活性、体内暴露(图1)。

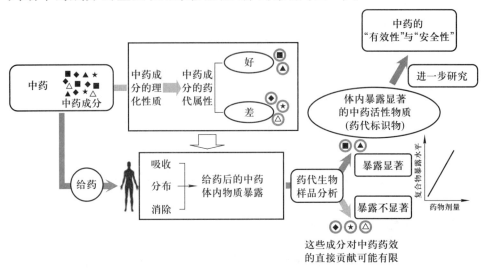

图1　开展中药多成分药代动力学研究最初的思路

能成为中药药效物质基础的成分首先应能被机体有效利用(图2)。

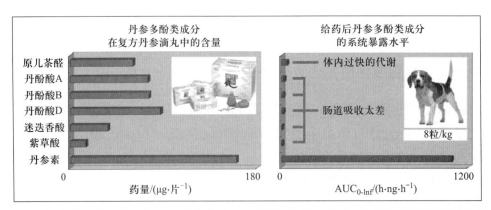

图2　复方丹参滴丸的丹参多酚成分谱与口服滴丸后丹参多酚成分系统暴露谱比较

2. 开展中药多成分药代动力学研究的方法及关键技术

1)开展中药多成分药代动力学研究的两套方法

(1)"从药效到化学"的研究方法

从一类药效活性已知中药成分中,找出给药后体内暴露显著的中药成分或

其代谢物,并揭示其药代特征。这些中药物质将很有可能成为中药的药效物质基础(Drug Metab Dispos,2008,2009,2013,2015;Br J Pharmacol,2013)。

（2）"从化学到药效"的研究方法

围绕中药的多类化学成分,考察其药代属性,找出给药后体内暴露显著的中药成分及其代谢物,为药效学或毒理学研究者指明值得进一步研究的中药物质对象(Curr Drug Metab,2012)。

2）开展中药多成分药代动力学研究所需的六个关键技术群

（1）中药复杂生物样品微量物质分析技术群;

（2）中药体内代谢物富集和制备技术群;

（3）药代动物实验技术群;

（4）中药化合物通过生物屏障研究技术群;

（5）中药化合物体内消除机理研究技术群;

（6）中药药代标识物(pharmacokinetic markers)发现鉴定技术群。

3）中药"药代标识物"发现鉴定技术群(Drug Metab Dispos,2008,2009,2013,2015)

（1）表征给药后体内中药物质暴露——中药剂量依赖型人血浆中丹参素和尿中丹参素可用于表征机体对复方丹参滴丸丹参成分的系统暴露;

（2）表征给药后体内中药物质暴露——中药剂量非依赖型人血浆中原人参二醇和原人参三醇可用于表征机体对三七提取物的皂苷组合代谢物的系统暴露;

（3）反映影响体内中药物质暴露的关键因素——中药剂量非依赖型人血浆中化合物-K、原人参二醇和原人参三醇可用于表征影响三七皂苷类成分体内组合代谢的因素(结肠中微生物代谢活性);

（4）预测中药注射剂给药后其活性成分的系统暴露水平:注射剂成分的剂量×该成分的 $t_{1/2}$。

3. 中药药代动力学研究:临床→研究→临床

中药药代动力学研究应源自临床实践,通过研究再回归临床应用。也就是围绕临床上治疗有效的中药,从临床用药实践中发现并凝练问题,针对问题开展研究,再将研究成果应用于临床(为临床提供更好的药物治疗手段,指导临床合理用药)。研究工作可分三步进行(图3)。

4. 中药药代动力学在中药现代化研究中的角色

中药药代动力学研究在中药现代化所涉及的多项研究间扮演"桥"的作用。

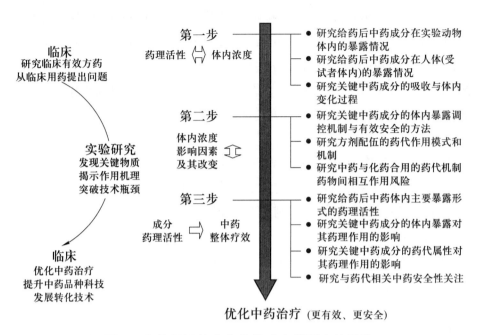

图3 当前开展的中药药代动力学研究的思路

一方面,中药药代动力学研究在中药化学研究与中药药理学研究之间搭建桥梁,由此更好地从能被机体有效利用的活性成分中找到中药的药效物质基础。另一方面,在中药药理学研究与中药治疗学和临床研究之间搭建桥梁,将中药成分的药效活性更好地转化为中药的整体疗效,让中药更加有效安全,并在联合用药中更好地应对复杂疾病(图4)。

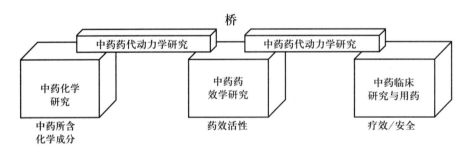

图4 桥——中药药代动力学在现代中药研究中的角色

三、复方丹参方药代动力学研究

源自复方丹参方的中药制剂有复方丹参片和复方丹参滴丸等,这些中成药主要用于防治心绞痛(图5),此外,由丹参和三七成分发展出了多种中药注射剂[如丹参注射液、注射用丹参多酚酸盐、注射用丹参(冻干)、注射用血栓通(冻干）、血塞通注射液等]用于缺血性心脑血管病的治疗。

心绞痛是缺血性冠心病的主要症状。抗心绞痛的常规药物治疗主要包括缓解心肌缺血症状和治疗心脏危险因素的二级预防两个方面。

缓解症状的药物主要有：β 受体阻断剂、钙离子拮抗剂、硝酸甘油等；用于二级预防的药物有：抗血小板剂、他汀类降脂药、血管紧张素转化酶（ACE）抑制剂。

复方丹参片和复方丹参滴丸具有扩张冠状血管、降低心肌耗氧量等缓解心绞痛症状的作用，同时还有抗血小板聚集、降血脂、延缓和减轻动脉粥样硬化病变、保护内皮细胞等预防作用。

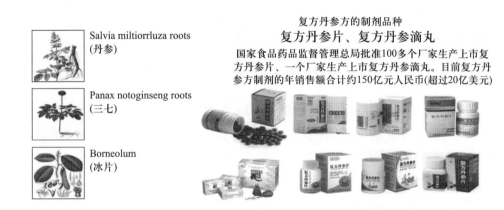

图 5　源自复方丹参方的中成药临床上主要用于防治冠心病心绞痛

临床上大量使用复方丹参方制剂用于防治心绞痛可能是由于其具有以下的特点：

（1）多成分通过"分工协作、和谐共事"，既缓解症状又二级预防；

（2）毒副作用较少、可长期使用；

（3）与常规化药互补。

围绕复方丹参方防治心绞痛，与药代动力学相关的问题包括：

（1）什么是复方丹参方的药效物质基础？

（2）目前的临床给药方法是否能充分发挥复方丹参方各类成分的药效活性？

（3）复方丹参方组成中药的不同成分在发挥药效协同或药效互补的同时，成分间能否在药代方面和谐？

（4）复方丹参方在与化药合用时，是否存在药代机制的药物间不良相互作用风险？

（5）复方丹参方的长期使用是否受限于与其药代机制相关的毒副作用？ 为

增效而提高复方丹参方体内物质浓度时是否存在安全方面的风险?

1. 开展复方丹参方药代动力学研究首先涉及的问题:应重点关注该复方中药的哪些成分?（图6）

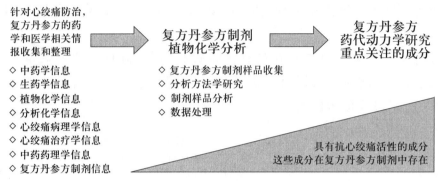

图6　确定复方丹参方中应重点关注的中药成分

复方丹参方的 4 类抗心绞痛药效活性成分为:

① 来自丹参的多酚类成分:扩张血管,降压,抗血栓,保护心血管,抗氧化;

② 来自丹参的二萜醌类成分:抗炎,抗凝,抗血栓形成,抗增生,抗心律失常,抗血小板,扩张血管,抗氧化;

③ 来自三七的三萜皂苷类成分:保护心血管,血管生成,抗心肌肥厚,降脂,抗血栓,抗血小板,扩张血管,抗氧化;

④ 来自冰片的单萜类成分:扩张血管,抗凝,镇静,麻醉,促进肠道对其他药物的吸收。

2. 给药后复方丹参方成分的体内物质暴露

复方丹参方所含中药成分与其给药后在体内暴露的中药物质存在明显的差异。

（1）由于成分药代属性的差异,给药前在中药中含量高的成分,给药后其体内浓度不一定也高;

（2）由于体内代谢转化,给药后体内大量出现的中药物质不一定是中药所含的成分。

目前对复方丹参方物质的抗心绞痛药效活性研究大多围绕其所含的成分而开展,缺乏对体内大量出现的成分代谢物的药效活性的认识,缺乏对体内暴露的中药不同物质活性的系统比较,这不利于揭示复方丹参方的药效物质基础,也是当前研究中药药效时普遍存在的一个问题。

围绕复方丹参方制剂的化学组成,我们收集了不同厂家生产的 55 种复方丹参片（其中 2 个品种各收集 30 个批次）、一个厂家生产的复方丹参滴丸（30 个批次）。我们在复方丹参片中共检测到 110 种成分,在复方丹参滴丸中共检测出 81 种成分(图 7、表 1)。

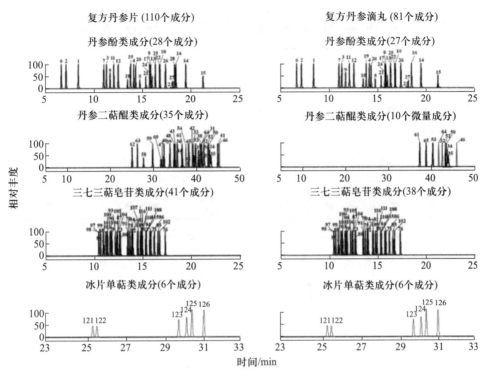

图 7 复方丹参方制剂的成分分析

表 1 复方丹参方制剂的化学组成

	所含成分数量			
人体日服剂量	>10 μmol/d	1~10 μmol/d	0.1~1 μmol/d	<0.1 μmol/d
复方丹参片	9(3D,2S,4B)	13	22	66
复方丹参滴丸	6(2D,4B)	9	13	53

	丹参		三七	冰片
	酚类成分	二萜醌类成分	皂苷类成分	单萜类成分
复方丹参片	√	√	√	√
复方丹参滴丸	√	×	√	√
溶解性	亲水性	亲脂性	亲水性	亲脂性
给药	p.o./i.v.	仅 p.o.	p.o./i.v.	仅 p.o.

给药后,复方丹参方的 4 类成分体内暴露特征如图 8 所示。图 9 所示为三七的

二醇型人参皂苷成分和三醇型人参皂苷成分在大鼠体内的系统暴露差异。

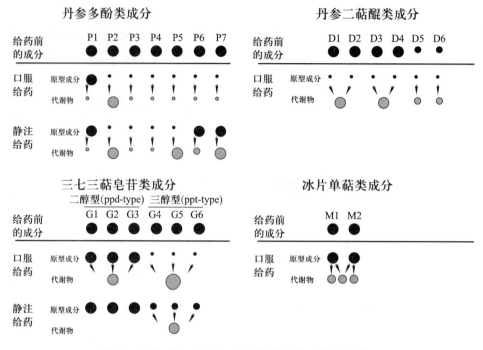

图8 给药后复方丹参方各类成分的系统暴露情况

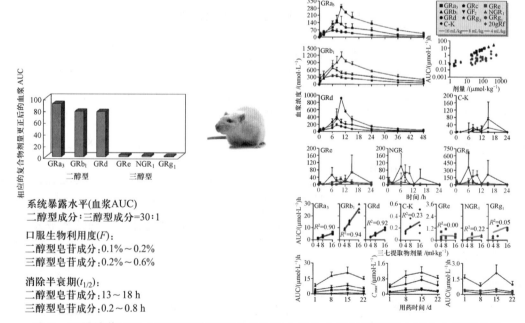

图9 口服给药后三七两型三萜皂苷类成分在大鼠体内的系统暴露水平存在显著差异

二醇型和三醇型三七皂苷成分在给药剂量相同的情况下,前者的系统暴露水平可比后者高30倍左右。二醇型和三醇型三七皂苷成分的肠道吸收均很差,二者在系统暴露水平上的差异主要源自其消除动力学特征上的不同。人体受试者口服三七提取物后,三七皂苷类成分主要以其代谢物的形式暴露,代谢物的系统暴露水平远高于三七皂苷类成分原型的暴露水平。

复方丹参方药效活性成分的肠道吸收和体内变化过程,见表 2、3。

表 2　复方丹参方成分的肠道吸收/首过消除

化合物	分子质量	口服生物利用度	肠道吸收		首过消除
			膜通透性	水溶性	
丹参多酚类成分					
丹参素	198	28.0%	中间产物	好	差
PCD	138	23.7%	好	好	大量
其他主要成分	360~718	0.02%~1.15%	差	好	大量
丹参二萜醌成分					
TSA/CTS/DTS/TSI	276~296	2.2%~4.4%	好	差	大量
三七三萜皂苷类成分					
二醇型(ppd-type)	946~1108	0.1%~0.2%	差	好	差
三醇型(ppt-type)	800~946	0.2%~0.5%	差	好	大量
冰片单萜类成分					
BNL,IBN	152	12.7%,8.7%	好	差	大量

表 3　复方丹参方成分的体内变化过程(大鼠数据)

化合物	i.v. $t_{1/2}$/h	i.v.,$CL_{tot.p}$ /(L·h^{-1}·kg^{-1})	组织分布		
			膜通透性	f_u	高分布组织
丹参酚类成分					
丹参素	0.5	2.1(RE)	中间产物	97.2%	肾
PCA	1.1	6.7(M)	好	45.5%	肝
其他	0.3~1.0	0.02~3.0(BE-M)	差	0.7%~18.2%	肝、肾
丹参二萜醌类成分					
TSA/CTS/DTS/TSI	0.4~0.8	6.6~13.3(BE-M)	好	0.1%~0.3%	肝、肺
三七三萜皂苷类成分					

续表

化合物	i.v. $t_{1/2}$/h	i.v.,$CL_{tot.p}$ /($L \cdot h^{-1} \cdot kg^{-1}$)	组织分布		
			膜通透性	f_u	高分布组织
二醇型	8.3~20.6	0.003~0.008(RE)	差	0.4%~0.9%	肝
三醇型	0.2~0.3	0.8~1.2(BE)	差	62.3%~77.1%	肝
冰片单萜类成分					
BNL,IBN	0.8,1.0	8.6,13.7	好	37%,34%	脑

3. 复方丹参方成分的暴露调控机制

之所以开展体内暴露调控机制的研究,是因为按临床剂量给药后,中药成分的药代体内浓度常低于这些成分展现其某些药效活性所需的浓度,这就需要寻找能有效安全提高中药成分体内浓度的方法。

1)丹参素的体内暴露调控机制

(1)丹参素的抗心绞痛活性

丹参素的抗心绞痛活性包括舒张血管、保护内皮细胞、降低血中同型半胱氨酸浓度、降血压、抗血栓、抗缺血再灌注心肌损伤、抗氧化应激等。

基于细胞或离体组织的实验——有效浓度(PD浓度);

基于整体动物的实验——有效剂量。

(2)按临床用药剂量给药后的丹参素血药浓度(PK浓度)

以静注给药"丹红注射液"为例:"PD浓度"是"PK浓度"的"3~100倍","有效剂量"是"临床剂量"的"5~10倍"。

(3)中药成分的"PK浓度"与其"PD浓度"的显著差异不利于使成分的药效活性转化为中药的整体疗效。

2)药物体内浓度的调节方法

(1)调整给药,联合用药,二者结合。

有效:浓度调节范围大、易实现;

安全:剂量依赖毒性小、联合用药毒性小、可控。

(2)中药药效活性成分吸收与消除关键环节的分子作用机制

(3)中药药效活性成分体内暴露调控机制研究

3)三七皂苷类成分系统暴露的调控机制(图10)。

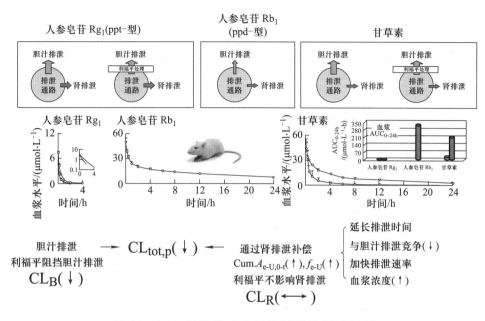

图 10　三七皂苷类成分系统暴露的调控机制

利用联合用药(包括方剂配伍)削弱胆汁排泄难以显著地缩小两型三七皂苷成分的消除动力学差异和

系统暴露差异

4. 复方丹参方中方剂配伍的药代作用模式及其与化药联合应用时出现药代机制的中药−化药相互作用(HDI)的风险

1）联合用药的优势

（1）联合用药产生药效作用的协同或互补；

（2）联合用药减少药物的毒副作用。

2）联合用药时要关注的问题

药代机制的药物间不良相互作用(改变药物的有效性和安全性,增加用药复杂性和不可控性)。

3）复方丹参方为三味中药组合而成,防治心绞痛时还会因病人情况与化药联合用药

4）产生"药代机制"药物相互作用(DDI)所涉及的因素

（1）受其他药物影响的药物（A 药,victim）；

（2）影响其他药物的药物（B 药,perpetrator）；

（3）药物间相互作用涉及的蛋白（interacting protein；药物代谢酶、转运体、血浆蛋白等）；

（4）给药后 A 药在体内浓度的改变会影响其有效性或安全性；

（5）给药后 B 药能在体内到达相互作用蛋白并有足够浓度影响合用的药物。

5）"方剂配伍"的药代作用模式:药代和谐（研究方法见图 11）

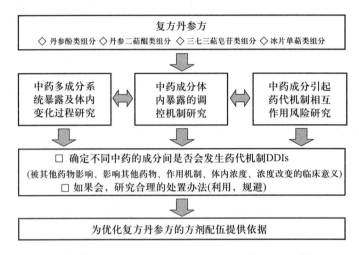

图 11　围绕复方丹参方开展的方剂配伍药代作用模式研究

（1）方剂的组成中药间不会发生药代机制的相互作用

① 完全不会发生相互作用（因作用机制不符）;

② 在临床剂量附近不会发生相互作用（因"浓度不够"）。

方剂配伍的优化:不用考虑药代因素,直接针对药效或毒副作用,通过调整不同中药间比例进行优化。

（2）方剂的组成中药间发生药代机制的相互作用

① 可被利用（增效减毒）;

② 不可利用。

（3）方剂配伍的优化

利用:可实现、可重复;

不利用:研判可否管控风险,考虑去除涉及不良相互作用的某一组分。

6）复方丹参方与化药合用时出现药代机制药物间相互作用（HDI）的风险

（1）复方丹参方制剂在临床上被大量用于防治冠心病心绞痛;

（2）病人在使用复方丹参方制剂时,经常也在使用抗心绞痛化药;

（3）该研究有助于阐明复方丹参方用药的有效性和安全性;

（4）被其他药物影响（victim）、影响其他药物（perpetrator）、作用机制、体内浓度、浓度改变的临床意义。

7）围绕丹参素的联合用药风险

（1）丹参素:药效活性确切、体内暴露显著。

（2）围绕丹参素的体内主要消除途径——肾排泄、甲基化代谢

① 人 OAT 转运体；

② 人 COMT 酶；

③ 从"被其他药物影响"和"影响其他药物"两个角度研究。

（3）主要针对抗心绞痛药物所涉及的药物代谢酶和转运体

① 药物代谢酶：人 P450 酶；

② 药物转运体：人 OATP1B、MDR1、MRP2 及 BCRP；

③ 主要从"影响其他药物"的角度研究。

8）丹参素在复方丹参方中"既不惹是生非也不受人欺负"且与化药相互作用的风险低

（1）与 OAT 转运体相关的药物间相互作用风险

① 与人 OAT1 转运体（K_m, 77 μmol/L）和人 OAT3 转运体（1888 μmol/L）的亲和力低；

② 利用丙磺舒将其肾小管主动分泌阻断后丹参素的血浆 AUC 仅增加 2.1～4.5 倍。

（2）与 COMT 酶相关的药物间相互作用风险

① 与人 COMT 酶（K_m, 50 μmol/L）的亲和力低；

② 利用恩他卡朋将其体内甲基化代谢反应阻断后丹参素 AUC 仅增加 1.3～1.4 倍。

（3）对其他代谢酶和转运体的抑制活性

既包括丹参素原型化合物，也包括其主要代谢物 3-O-甲基化丹参素（M1）及 3-O-磺酸化丹参素（M7）。

① 对人 P450 酶无明显抑制活性（在 100 μmol/L 浓度下抑制率<50%）；

② 对人 OATP1B1、OATP1B3、MDR1、MRP2 及 BCRP 等转运体无明显抑制活性（在 100 μmol/L 浓度下抑制率<50%）。

四、结　语

1. 复方丹参方药代动力学研究

（1）给药后复方丹参方抗心绞痛活性成分的系统暴露

成分原型不同的体内暴露、主要以代谢物形式在体循环中出现。

（2）影响复方丹参方物质系统暴露的因素

成分剂量、药代因素（药代属性、口服生物利用度、消除动力学等）。

（3）复方丹参方的药代标识物

表征体内暴露(剂量依赖/非依赖)、预测体内暴露、反映影响暴露的因素。

（4）复方丹参方关键成分系统暴露的调控机理

由此获得有效安全的暴露调控方法。

（5）方剂配伍的药代机理和作用模式及与化药合用的风险

为优化方剂配伍提供依据、促进复方丹参方制剂与化药联合用药用于防治心绞痛。

2. 后续研究工作

（1）根据给药后复方丹参方成分体内主要暴露形式，系统考察其成分和代谢物的抗心绞痛药效活性。

（2）研究复方丹参方关键中药成分的体内暴露及药代属性对其抗心绞痛药效作用的影响。

（3）研究与药代相关的复方丹参方安全性。

3. 复方丹参方药代动力学研究中涉及的中药关键科学问题

（1）为什么中药方剂能大量用于临床:不同中药既分工协作又和谐共事？方剂配伍的药代作用模式是什么？如何组方与优化方剂配伍？如何评估和应对中药与化药合用时药代机制的 HDI 风险？

（2）怎样选好、用好中药所含活性成分来提升其整体疗效？针对其药理活性提高中药物质体内浓度能否显著增加中药的整体疗效？如何将单个中药成分的药理活性更多更好地转化为中药的整体疗效？

（3）如何更好地阐明中药的安全性？如何开展药代引导下的中药安全性研究？需要哪些配套的技术？如何与中药传统安全性评价有效结合？

可用一句话来归纳上述复方丹参方药物代谢研究工作,这就是:找出复方丹参方能被机体有效利用的药效活性成分,通过优化这些成分的体内暴露水平,特别是在药效靶点的浓度水平,使基于复方丹参方的心绞痛防治更有效、更安全。

"药效活性"带来疗效……

"药代浓度"保证疗效、优化治疗。

李　川　博士,博士生导师,中国科学院上海药物研究所研究员。本科毕业于成都中医药大学,在日本东京大学获得博士学位,随后在美国新泽西州立大学做博士后研究,2000年年底回国。围绕中药现代化的关键科学问题,多年来一直从事中药药代动力学研究工作,2000年入选中国科学院"百人计划",2009年获得国家杰出青年科学基金资助(研究方向:中药药代动力学)。

CMC-二维色谱仪研制及其在目标物发现中的应用

贺浪冲

西安交通大学医学部

一、引　言

随着对生命现象复杂性的揭示，以及分析对象多样性的增加，原有以"分离最大化"为设计理念的各类商品化色谱分析仪器，愈来愈不能满足对复杂样品的分析要求，尤其是少量甚至微量的目标物（如药品中有害或有效物质等）包含在大量"杂质"的生物体内。1996年笔者等首次提出并创立了一种仿生学的受体细胞膜色谱法（CMC），经过近20年的不断深入研究，在多方面取得了新的进展。2012年，"天然药物中目标物快速'识别鉴定'二维色谱仪研制"获得国家自然科学基金国家重大科研仪器设备研制项目专项资助（No：81227802），本专项以高表达受体CMC技术为核心，研究了集"识别-分离-鉴定"于一体的CMC-HPLC/MS二维分析系统，并研制成功了CMC-二维色谱仪样机，示意图如图1。

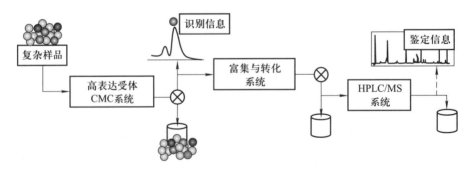

图1　CMC-二维色谱仪示意图

第一代的CMC-二维色谱仪主要应用于复杂体系（中药、生物样品等）中活性物质或先导物的筛选发现与分析研究，中药注射剂中致敏组分或有害物质的筛选与分析研究，药理学中配体与膜受体大分子间亲合作用特性分析研究，以及食品和保健用品中非法添加物及有害物的筛选分析等。

二、中药活性组分的筛选与分析

随着分子和细胞生物学的研究进展,人们已经认识到细胞不仅是构成生命体的最小结构单元,更是诸多生物活性分子作用的靶体,由此引起了生物学、药学和医学等领域研究者的极大兴趣。与细胞质膜结合的膜联蛋白(膜受体)作为靶细胞上信号转导途径的"启始"作用蛋白,对其结构和功能的研究加深了人们对膜受体重要性的认识。酪氨酸激酶受体(tyrosine kinase recepter,TKR)是控制细胞生长和分化的重要蛋白质,在肿瘤细胞异常增殖过程中起重要作用。笔者团队在国家自然科学基金重点项目的资助下,构建了稳定、可控和高度表达TKR的转基因细胞,成功建立了高表达 TKR 细胞膜色谱(TKR-CMC)模型。实现了目标受体表达的"人工调控",TKR-CMC 模型可以将复杂的体内作用过程在体外进行"模拟"和"放大",增加对配体识别的表位数量、特异性和高亲和力。以 TKR-CMC 模型为核心技术的"活性识别-色谱分离-分析鉴别"集成化二维分析系统,可以不经分离纯化而直接将复杂的"化合物群"进样分析,为从复杂体系中快速发现"目标"分子,提供了新的"高通量"筛选平台。

人表皮鳞癌细胞(A431)是一种表皮生长因子受体(EGFR)特异性高表达的肿瘤细胞。我们应用 A431/CMC 二维色谱分析仪,对豆科槐属植物苦参(*Radix Sophorae Flavescentis*)等中药材进行了筛选研究,苦参总提取物以及总生物碱在此系统下的分析情况如图 2 所示。研究发现苦参提取物中的苦参碱与氧化苦参碱能够选择性地作用于 EGFR,并发挥抗肿瘤作用。

进一步的置换实验证实:苦参碱和氧化苦参碱的容量因子($\log k'$)随着流动相中吉非替尼浓度($\log[G]m$)的增大而降低(图 3),该结果反映了苦参碱和氧化苦参碱与吉非替尼作用于 A431 细胞膜受体同一位点的可能性;苦参碱和氧化苦参碱在 EGFR 蛋白分泌抑制实验中以显著的剂量依赖方式抑制 A431 细胞表面的 EGFR 蛋白分泌,并且对 A431 细胞体外生长均表现出抑制效果。

此外,本实验室自主构建了高表达 EGFR、血管内皮生长因子受体(VEGFR)、碱性成纤维细胞生长因子受体 1(bFGFR1)和 bFGFR4 等 TKR 细胞株,并利用 TKR/CMC 二维色谱分析仪,对百余种中药材进行了筛选研究,发现草本植物虎杖(*Polygonumcuspidatum*)提取物中的白藜芦醇能够选择性地作用于 EGFR,虎杖提取物 TKR/CMC 二维色谱分析结果见图 4。

在体外进行了高表达 HEK293/EGFR 细胞生长抑制筛选以及 EGFR 蛋白分泌抑制实验,结果表明白藜芦醇以剂量依赖方式抑制 HEK293/EGFR 细胞生长以及 EGFR 蛋白分泌,并且显著降低了下游信号分子表达和信号转导(图 5)。

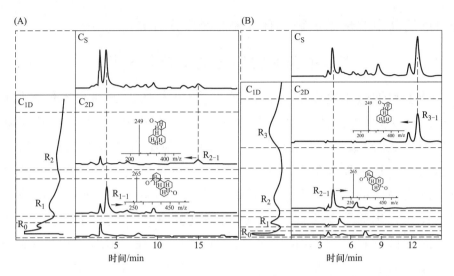

图 2　A431/CMC 二维色谱仪对苦参提取物的分析图谱

(A) 苦参总提取物的分析图谱。C_{1D}说明苦参总提取物在 A431/CMC 单元中的"识别"情况:组分 R_0 保留特性不明显,组分 R_1、R_2 均有不同程度的保留特性。C_{2D} 的 HPLC/MS 色谱图中,峰 R_{1-1} 为组分 R_1 的主要保留成分(氧化苦参碱)。峰 R_{2-1} 为组分 R_2 的主要保留成分(苦参碱)。C_S 为苦参总提取物的 HPLC/MS 色谱分析情况。(B) 苦参总生物碱的分析图谱。C_{1D}说明苦参碱在 A431/CMC 单元中的"识别"情况,其中组分 R_1、R_2、R_3 具有保留特性。C_{2D} 的 HPLC/MS 色谱图中,峰 R_{2-1} 为组分 R_2 的保留成分(氧化苦参碱)。峰 R_{3-1} 为 R_3 的主要保留成分(苦参碱)。C_S 为苦参总碱的 HPLC/MS 色谱分析情况。峰 R_{2-1}、R_{3-1} 分别与苦参总碱色谱图中的氧化苦参碱、苦参碱色谱峰相对应。

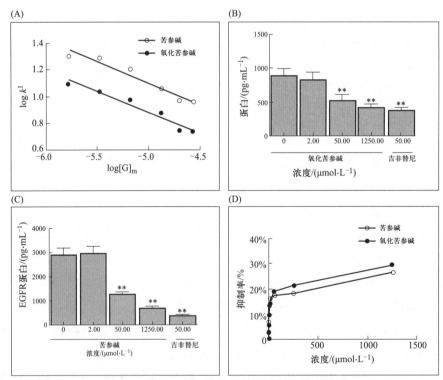

图 3　苦参碱和氧化苦参碱的活性考察

(A) 苦参碱和氧化苦参碱与吉非替尼进行的结合位点竞争置换;(B) 氧化苦参碱对 EGFR 蛋白分泌的抑制作用;(C) 苦参碱对 EGFR 蛋白分泌的抑制作用;(D) 苦参碱和氧化苦参碱对 A431 细胞生长的抑制作用。

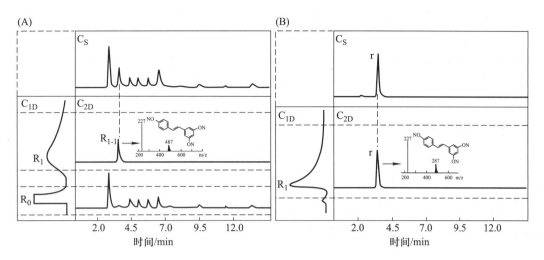

图 4　高表达 EGFR/CMC 二维色谱仪对虎杖提取物中目标组分的筛选与验证

（A）虎杖提取物的分析图谱。C_{1D} 说明虎杖提取物在高表达 EGFR/CMC 单元中的"识别"情况：组分 R_0 保留特性不明显，组分 R1 有一定的保留特性。组分 R_0、R_1 分别被富集并切换进入 HPLC/MS 单元进行"分离、鉴定"。C_{2D} 区域的 HPLC/MS 色谱图中，峰 R_{1-1} 为 R_1 的保留成分，鉴定为白藜芦醇。C_S 为虎杖提取物的 HPLC/MS 色谱结果。

（B）白藜芦醇标准品溶液的分析图谱。峰 R_{1-1} 与虎杖提取物色谱图中白藜芦醇色谱峰相对应。C_{1D} 显示白藜芦醇对照溶液在高表达 EGFR/CMC 中的色谱图。保留组分 R_1 被富集并切换进入 HPLC/MS 单元进行分析鉴定

（C_{2D}），并与白藜芦醇对照品溶液的 HPLC/MS 图谱（C_S）相比对。

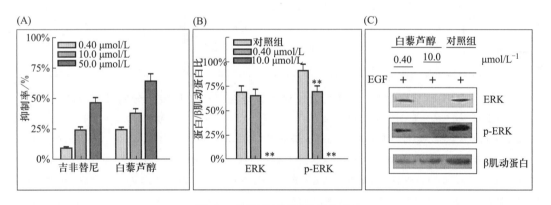

图 5　白藜芦醇的活性作用

（A）白藜芦醇以及吉非替尼对高表达 HEK293/EGFR 细胞生长的抑制作用；（B）白藜芦醇以及吉非替尼对 EGFR 蛋白分泌的抑制作用；（C）白藜芦醇以及吉非替尼对 EGFR 蛋白分泌抑制的 Western blot 分析结果。

三、中药注射剂中致敏组分或有害成分的筛选与分析

近 30 年来，获得批准上市的中药注射剂约有 130 余种，临床使用的约有 119 种。中药注射剂作为广泛应用的中药制剂，其安全性和有效性问题引起广泛关注。笔者团队通过构建高表达 H1R 和 IgER 细胞膜色谱（CMC）模型，结合生物

活性验证,对中药注射剂及相关药材中可能引起Ⅰ型过敏反应和类过敏反应的致敏组分进行了筛选研究。同时,利用高表达受体 CMC-online-HPLC-MS/MS 二维色谱分析系统,研究建立了包含致敏组分、药效组分的中药指纹图谱,为中药注射剂安全性评价提供了新技术和方法。2012 年,"细胞膜色谱技术用于中药安全性和有效性评价的基础研究"得到国家自然科学基金重点项目资助(No. 81230079)。

利用 RBL-CMC 二维色谱分析仪,发现作用于 FcεRI 的中药注射剂 19 种。通过对土贝母注射剂进行筛选分析,发现保留组分为土贝母苷甲,体外药理实验证实土贝母苷甲可使 RBL-2H3 细胞脱颗粒。土贝母注射剂 RBL-CMC 二维色谱分析仪中的分析情况如图 6 所示。

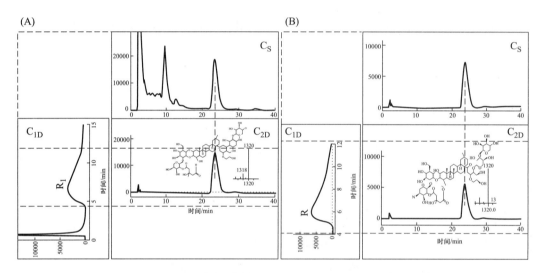

图 6 RBL-2H3/CMC 二维色谱仪对土贝母注射剂中致敏组分的筛选与验证

(A) 土贝母注射剂的分析图谱。C_{1D} 说明土贝母注射剂在 RBL-CMC 单元中的"识别"情况,其中组分 R_1 有一定的保留特性,经富集后切换进入 HPLC/MS 单元进行"分离、鉴定"。C_{2D} 的 HPLC/MS 色谱图中,鉴定为土贝母苷甲。C_S 为土贝母注射剂的 HPLC/MS 色谱分析情况,其中土贝母苷甲色谱峰与土贝母注射剂色谱图中土贝母苷甲色谱峰相对应。(B) 土贝母苷甲的分析图谱。C_{1D} 显示土贝母苷甲对照溶液在 RBL-CMC 单元中的色谱图。保留组分 R 被富集并切换进入 HPLC/MS 单元进行分析鉴定(C_{2D}),并与土贝母苷甲对照品溶液的 HPLC/MS 图谱(C_S)相比对,色谱、质谱数据显示保留组分 R 为土贝母苷甲。

在色谱筛选结果的基础上,考察了土贝母苷甲致 RBL-2H3 细胞 β-氨基己糖苷酶释放及组胺释放的药理效应,本实验中使用的土贝母苷甲浓度范围为 0~200 μg/mL(图 7)。

此外,应用 H1R/CMC 二维色谱仪对高三尖杉酯碱注射液进行了筛选实验,发现高三尖杉酯碱能够与 H1R 相互作用。体外实验证实:高三尖杉酯碱能够显著增加 p-IP3R 蛋白磷酸化水平,提高 H1R-HEK293 细胞胞质内游离 Ca^{2+} 浓度。

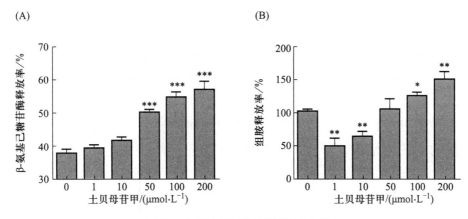

图7　土贝母苷甲的脱颗粒实验

（A）β-氨基己糖苷酶的释放。土贝母苷甲能够促进 RBL-2H3 细胞的 β-氨基己糖苷酶释放作

用,在 0~200 μg/mL 的浓度范围内,β-氨基己糖苷酶释放率与土贝母苷甲的浓度呈剂量依赖性。

（B）组胺的释放。土贝母苷甲能够促进 RBL-2H3 细胞的组胺释放率,在 0~200 μg/mL 的浓度范

围内,组胺释放率与土贝母苷甲的浓度呈剂量依赖性。

表明高三尖杉酯碱能够激活 H1R,是引起类过敏反应的不安全组分（图 8）。

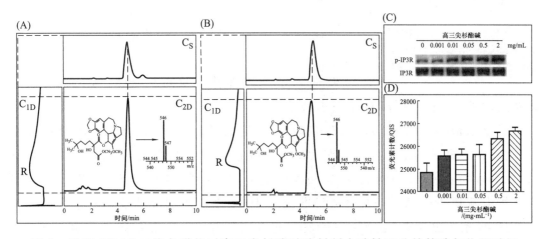

图8　H1R/CMC 二维色谱仪对高三尖杉酯碱注射剂中致敏组分的筛选与作用验证

（A）高三尖杉酯碱注射剂的分析图谱。C_{1D} 为高三尖杉酯碱注射液在 H1R/CMC 柱上的色谱图;C_S 为高三尖杉酯

碱注射液直接 HPLC/MS 分析的图谱;C_{2D} 为保留组分 R 经过富集切换进入 HPLC/MS 系统的色谱图,保留组分是

高三尖杉酯碱。（B）高三尖杉酯碱的分析图谱。C_{1D} 为高三尖杉酯碱对照品溶液的 H1R/CMC;C_S 为高三尖杉

酯碱对照品溶液直接 HPLC/MS 色谱图;C_{2D} 为保留组分 R 经过富集切换的 HPLC/MS 色谱图。C_{2D} 中的保留组分

在 HPLC/MS 上的保留时间和质谱数据与 C_S 区域中高三尖杉酯碱对照品的数据一致。（C）高三尖杉酯碱对 p-

IP3R 蛋白磷酸化水平的影响。H1R-HEK293 细胞中 p-IP3R 蛋白表达水平随着高三尖杉酯碱浓度的增加而升高。

（D）高三尖杉酯碱对 H1R-HEK293 细胞胞质内游离 Ca^{2+} 浓度的影响。H1R-HEK293 细胞胞质内游离 Ca^{2+} 浓度呈

升高趋势,具有剂量依赖性。

综上，应用所建立的 TKR/CMC 二维色谱分析仪，可以实现对特定靶标受体的"识别、分离、鉴定"于一体的同步在线分析，有效地提高了从中药材复杂体系中筛选活性成分的效率，为药物分析、药理学和药物化学等学科提供了高效、灵敏、快速的分析手段。此外，通过构建高表达 H1R 和 IgER 细胞膜色谱模型，结合生物活性验证，对中药注射剂及相关药材中可能引起 I 型过敏反应和类过敏反应的致敏组分进行筛选，可应用于识别中药注射剂中易引起过敏反应的物质，为中药注射剂的安全性评价提供新技术和方法。

贺浪冲　西安交通大学二级教授，博士生导师。现任西安交通大学医学部副主任，天然血管药物筛选与分析国家地方联合工程研究中心主任。兼任中国药学会常务理事，中国药典委员会理化分析专业委员会副主任委员等。1990 年—1991 年在美国佐治亚大学药学院学习，1996 年被破格晋升为教授。

创立了细胞膜色谱法，对其基础理论和实验方法进行了系统深入的研究，并应用于受体药理学实验研究、中药复杂体系物质基础研究、活性先导物筛选发现以及"识别/分析"联用仪器研发等。

创办 *Journal of Pharmaceutical Analysis* 期刊并担任主编，担任《药物分析杂志》副主编。近年来，发表 SCI 收录论文 100 余篇。主编全国高等学校规划教材《工业药物分析》和《分析化学》，申请发明专利 53 项，其中授权 29 项。培养药物分析专业博士和硕士研究生 150 余名。1992 年获中国化学会"优秀青年化学奖"，1996 年获卫生部"吴阶平-保罗·杨森医药学奖"药物分析二等奖，1998 年获国务院政府特殊津贴，2008 年获卫生部有突出贡献中青年专家称号，2012 年获国家技术发明奖二等奖。

专题三

中药化学、制药工程

对制药工程科技创新与中国医药工业 4.0 的思考

程翼宇

浙江大学药学院

素以"优质制造"著称于世的德国首倡工业 4.0 概念并将其列入国家高科技战略。2014 年中德政府磋商决定,两国在工业 4.0 领域开展合作。进入经济新常态的我国制造业正在实施"中国制造 2025"发展战略,谋划通过中国版工业 4.0 实现传统制造业的转型升级,与世界工业强国展开新一轮制造技术竞争,这是推动全球工程科技创新发展的巨大动力。医药工业是我国战略性核心产业,掌握先进制药技术、抢占新一代制药工程科技的制高点并争夺制定药品标准的技术话语权是实现制药强国梦的关键,理应成为"中国制造 2025"战略中生物医药领域的重大任务。我们应当通过前瞻性的战略布局及自主创新研发,推动实施"中国医药工业 4.0",形成相关技术标准,把握并引领新一代医药产业技术的发展方向。

笔者建议,采用物联网技术、制药过程控制技术、智能计算技术与过程分析技术等构建智慧制药系统,创建数字化、网络化、智能化制药车间,打造中国制药技术升级版,闯出我国制药工程科技创新之路。在大数据时代,要实现从制药大国跨入制药强国行列的目标,就必须重视对药品生产过程各类数据的采集、管理与有效利用,制定医药工业数据标准化与安全管理规范,实施药品全生命周期数字化标准管理,构建国际认可的药品质量控制体系。

我国最具特色和拥有独特优势的医药产业是中药工业,唯有占据中药制药工程技术的制高点,建立符合中药工艺特点的制药过程质量控制技术系统,才能确保中药产品安全、有效和质量一致性,进而争夺到制定国际同类产品制药工艺标准的主导权。据此提议,尽快设计并发布中药智造技术发展路线图,创新研发智慧制药技术,打造面向中药工业的智慧制药技术平台,显著提升中药产品质量,实现节能减排、降耗提效、绿色环保等目标。

推动实施"中国医药工业 4.0"、构建智慧制药系统将引发我国医药工业技术的深刻变革,实现制药工程技术升级换代,从而大幅度提高药品质量标准及生产效能,促进我国医药产业在质量、安全、节能、环保等方面跨越发展。

程翼宇　博士,博士生导师,浙江大学药学院教授,求是特聘教授,浙江大学药学院副院长,浙江大学药物信息学研究所所长,国家中医药管理局计算机辅助中药分析三级实验室主任。兼任国家药典委员会委员,国家药品审评专家,教育部高等学校药学类中药专业教学指导委员会委员,中国药学会中药及天然药物专业委员会理事,中国中医药信息数字化专业委员会副主任,中国中医药研究促进会理事,中国药材研究促进会理事。

　　主要从事新药创制方法学及现代中药设计技术、药品质量检测方法学及质量控制技术、工业药学及先进制药技术研究。曾在葡萄牙国立波尔图大学、美国食品药品监督管理局(FDA)国家毒理学研究中心、哈佛大学哈佛医学院、德国柏林工业大学、法国国家科学研究院、巴黎第十一大学等欧美8国多所高等学校或政府研究机构学习、合作研究或做学术访问。

　　近5年主持研究或负责完成国家"973"计划项目、国家自然科学基金重点项目、国家科技攻关重点项目等重要课题5项。是国务院政府特殊津贴专家,天津市人民政府特聘专家,浙江省有突出贡献中青年专家,浙江省151人才工程重点资助人员,浙江省新世纪学术和技术带头人第一层次。作为第一完成人获国家科学技术进步奖二等奖1项,省级科学技术进步奖二等奖5项、三等奖2项,中华中医药学会科学技术奖3项。

科技创新,促进中药饮片产业转型升级

蔡宝昌

南京中医药大学
南京海昌中药集团有限公司

一、中药材产地加工及饮片生产的现状

中药饮片是中医临床的处方药,是制备中成药及相关中药产品的原料药,也是中药材和中成药之间承上启下的重要环节,在大中药产业,以及整个大健康产业中都占据极其重要的地位,事关中医药事业的发展。根据有关部委发布的数据,2014年中药饮片(临床配方饮片)产值达1760亿元。国务院印发的《关于促进健康服务业发展的若干意见》明确提出到2020年,基本建立覆盖全生命周期的大健康服务业体系,大健康服务业总规模达到8万亿元以上,其中大中药产业相关产品和服务将占据较大份额,中药饮片产业的发展前景极其广阔。

目前中药饮片行业仍然存在很多问题。据不完全统计,2014年国家食品药品监督管理总局(CFDA)共收回了50家药企的GMP证书,其中有20家为中药饮片企业。2015年前三季度,又收回了50余家中药饮片企业的GMP证书。中药饮片行业存在的问题已经成为共性问题,严重影响制约了中药产业的发展。

从源头开始的中药材产地加工及饮片生产行业存在的问题大致有:

(1)中药材产地加工混乱。中药材是中药饮片的原料,由于目前中药材种植大部分仍然是采用农产品的种植模式,各家各户分散种植,产品质量不稳定,产地加工方式方法不规范,更为严重的是为了商业的目的,有的药材和饮片采用硫黄进行过度熏蒸、反复熏蒸等,严重影响了中药饮片的质量。

(2)生产方式乱象丛生。由于中药材本身的复杂性、地域性等特点,以及中药饮片产业发源于传统的手工和半手工生产方式等原因,普遍存在中药饮片生产企业多、规模小,饮片种类小而全、多而杂,原料多购自药材市场,品种和产地不明、生长年限和采收时间不清等现象。每家企业普遍生产400~700种不等,同质化竞争严重,导致劣质中药饮片泛滥。

(3)炮制工艺不规范。中药加工炮制是确保饮片质量的核心环节和关键技

术,但是目前中药炮制缺乏具体的工艺技术参数;各地各法、随意操作的问题严重,难以保证产品的质量稳定均一,更严重的是威胁中药饮片的临床疗效。

(4)中药炮制设备整体水平低。中药饮片加工炮制仍停留在手工为主和设备半自动化阶段,且多为单机设备,缺乏流水线生产设备,自动化和智能化水平低,没有合适的在线检测手段,距离现代化制药装备存在很大的差距。

(5)质量控制标准有待提高。现有的中药饮片质量标准存在一定的问题,有些单一成分的含量测定标准缺乏针对性和准确性;缺乏科学的质量控制方法,饮片的等级、规格缺乏统一标准等。

二、中药饮片炮制研究基础

国家高度重视中药饮片炮制研究,从"七五"开始,先后支持了部分中药炮制研究,建立了部分中药饮片的炮制工艺及质量标准。国家"十五"科技攻关、"十一五"科技支撑及"十二五"的行业发展专项、国家自然科学基金等先后支持了中药炮制的基础研究、关键技术和产业化应用研究等若干项目。在中药饮片上中下游全产业链的产地加工技术、炮制前后成分分析、炮制设备研究领域取得了一批标志性成果。

本课题组在进行中药炮制机理系统研究的基础上,用特征或指纹图谱技术控制中药饮片的质量,建立了临床常用中药饮片指纹图谱控制方法,主持研发智能化中药炮制设备及信息化管理系统,被国家科技部、商务部、环保部和质检总局等4部委认定为"国家级重点新产品",初步构建了中药饮片物联控制与可追溯系统,为中药炮制及饮片产业化的集成创新研究奠定了基础。

近20年来,本课题组先后主持完成国家级课题20余项、部省级课题39项、厅局级及其他课题33项;获得发明专利40项,申请专利25项;笔者作为第一完成人,获国家、部省级各类奖15项;主编《中药炮制学》、首部研究生规划教材《中药炮制学专论》及首部跨学科教材《中药炮制工程学》等专科、本科、研究生、留学生及理工科结合多层次教材和论著15部;以第一或通讯作者在国内外著名期刊发表论文600余篇(其中含87篇SCI源论文)、被选入境外国际会议大会论文12篇。率先采用高效液相色谱(HPLC)和薄层色谱(TLC)为主的特征或指纹图谱技术,对400多味中药材和中药饮片质量控制方法进行了研究(图1)。

基于上述研究,南京中医药大学和南京高新区合作创建了中药饮片产业化产学研基地——南京海昌中药集团有限公司,公司主要从事中药材、中药饮片、中成药及中药炮制设备的研发及产业化。目前公司拥有南京海源中药饮片有限公司、江苏海昇药业有限公司和杭州海善制药设备有限公司3家全资子公司。为了构建中药材产地加工及饮片生产方式的创新,我们从以下几方面开展了系

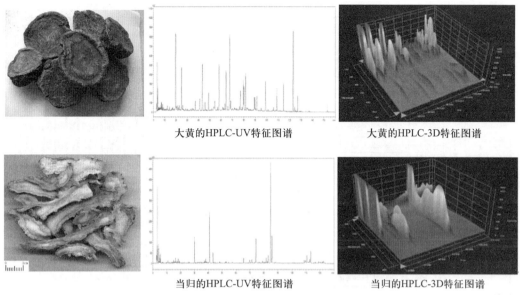

大黄的HPLC-UV特征图谱　　　　大黄的HPLC-3D特征图谱

当归的HPLC-UV特征图谱　　　　当归的HPLC-3D特征图谱

图1　中药饮片特征图谱

HPLC:高效液相色谱。

统的研究和产业化推广应用。

1. 建立中药材和饮片质量控制体系

为了确保为中药饮片生产提供优质的原料,在中药材产地建立规范化的中药材种植基地。目前,公司已经在道地药材主产地,通过多种合作方式建立了种植基地。在宁夏种植了枸杞、板蓝根、秦艽、黄芪等道地药材;在安徽种植了白芍、木瓜、桔梗等道地药材。同时,对市场上流通的中药材及品种和产地等来源明确、炮制工艺规范的中药饮片,进行了系统的质量标准研究,形成了更加方便、快速、系统、完整的中药饮片质量控制标准体系(图2)。

本课题组在中药材及炮制前后中药饮片特征或指纹图谱研究方面起步较早,2001年和江苏康缘药业股份有限公司联合成立了江苏中康指纹图谱技术开发有限公司,是当时国内唯一从事中药指纹图谱研究的公司。在国内较早出版了这方面的专著《常用中药材 HPLC 指纹图谱测定技术》(化学工业出版社),该书的英文版也由 Singapore Temasek Polytechnic 出版发行。

2. 自主开发中药材产地加工及饮片炮制设备

公司在国内率先采用自主开发的中药材产地加工及饮片生产联动线,生产常见的根茎类、块状类和花草类中药。该套生产线生产的中药饮片,既可以保证中药饮片的质量,也可以节约水、电、汽等能源。同时最大限度地节约人力资源,

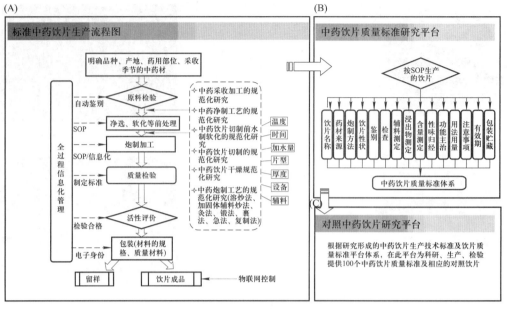

图 2 中药饮片生产及质量控制体系

降低生产成本,提高生产效率。

　　公司主要产品包括挑选、净选、风选、筛选、洗净、浸润、切制、烘干、破碎、粉碎、炒制、蒸煮、煎煮、浓缩等全套 15 个大类总计上百个品种和规格的系列产品(图 3)。加工炮制设备已经进入全国 500 多家中药制药企业,部分已经开始进入欧盟、俄罗斯及东南亚等国际市场,用于天然产物和农产品的加工。

图 3 中药饮片加工炮制设备

3. 首创中药饮片生产信息化管理系统

通过对现有的中药炮制机械改造升级,把基于传统炮制经验的生产过程用现代化、规范化的生产技术以及智能化的可控设备来取代。为了实现中药饮片的自动化生产和信息化管理,公司自主开发了一套具有完全知识产权的中药饮片生产信息化管理系统,实现了中药饮片炮制过程工艺参数的跟踪保存功能、重要工艺的精确控制、炮制过程实时监控功能、部分饮片质量在线检测、数据共享及智能化网络化。目前,成套产品"智能化中药饮片炮制设备及其信息化管理系统"荣获国家科技部等 4 部委的"国家级重点新产品",填补了国内外该领域的空白(图 4—6)。

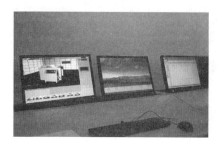
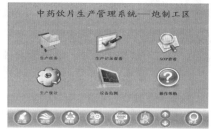

图 4　中药饮片企业信息化生产管理系统

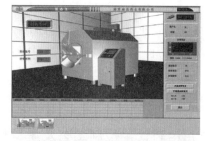

图 5　智能化中药炮制设备

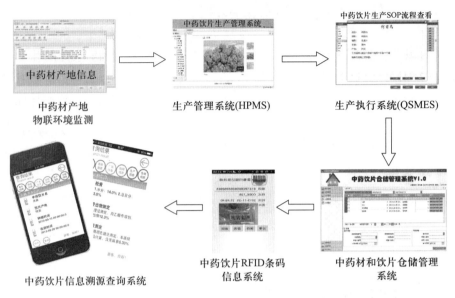

中药材产地　　　生产管理系统(HPMS)　　生产执行系统(QSMES)
物联环境监测

中药饮片信息溯源查询系统　　中药饮片RFID条码　　中药材和饮片仓储管理
　　　　　　　　　　　　　　信息系统　　　　　　系统

图 6　中药饮片全程物联控制系统

三、中药材产地加工及饮片炮制的研究方向

1. 中药材产地加工技术规范研究

从中药材源头开始,研究建立常用中药材产地加工技术规范,对于可以在产地趁鲜切制的品种,研究建立其标准操作规程。结合中药材有效成分和有效部位,开展产地加工工艺研究,提高中药材质量和有效使用率。在此基础上,将药材品种、产地、生长年限、采收季节、加工过程、仓储和物流等信息网络化,实现中药产品的原料来源可溯源。

2. 常用中药饮片炮制工艺及质量标准评价体系

结合中药饮片炮制工艺,运用特征或指纹图谱等技术,对中药饮片的有效成分或指标性成分进行一测多评等分析方法的研究,进行中药材和饮片快速检测方法的研究;建立更加符合中药材和饮片特点的质量标准;进行中药材和饮片有效期及饮片规格和等级的研究,为国家药典委员会正在进行的《全国中药饮片炮制规范》积累基础研究的素材。

3. 智能化炮制设备及信息化管理系统的建立

基于国家智能制造产业发展规划及《中国制造 2025》的战略规划要求,研制开发规范化、规模化、集约化大生产的智能中药加工炮制设备,构建智能化中药加工炮制设备流水线、联动线，利用计算机技术和信息化技术，对传统的和有特色的炮制技术进行回归分析处理，在继承传统炮制经验的基础上，进行中药炮制技术的创新，逐步实现中药饮片生产的机械化、自动化、网络化和智能化。实现中药炮制生产全流程的规范化，最终形成中药饮片生产过程信息化系统管理及标准化生产线，对整个中药饮片行业起到转型升级的推动作用。采用可追溯的互联网、物联网流通体系，进行集成创新研究，建立中药饮片从源头生产到临床配方的全程质量监控体系。

蔡宝昌　1952 年 9 月生，药学博士，南京中医药大学教授，博士生导师，中药学一级学科国家重点学科带头人，国家有突出贡献的中青年专家，入选国家百千万人才工程，享受国务院政府特殊津贴。

主要从事中药炮制机理、中药饮片质量标准研究及产业化。主编《中药炮制学》等教材和著作 15 部，主审专著 4 部，发表论文 600 多篇。以第一完成人获国家及部省级奖励 15 项，开发新药项目 9 个（8 项获临床研究批件，1 项获生产证书，其中国家重点新产品 1 项），授权发明及实用新型专利 37 项。

现代中药新药研发与制药技术的对接

张永祥　　乔善义

军事医学科学院毒物药物研究所

一、引　　言

中药制造业是我国医药行业中具有一定国际竞争力并拥有自主知识产权的朝阳产业，有望成为中国制药界的重要支柱。然而，目前我国中药制造业的总体技术水平和产品与国外相比还有较大差距。其最主要的差距表现在三个方面：一是因工程技术水平较低所致的制药工程和工艺比较落后；二是因药效物质基础及其作用机制不十分清楚而致的质控对象和技术水平不高，过程控制缺乏；三是因中医理论体系与疗效评价体系与现代科学，尤其是医学、生物学甚至心理学关联不够而致的中药产品临床适应证定位宽泛，不能很好地体现中药的优势和特色。一个好的中药产品要符合三点，即有效、安全和质量可控，从中药新药研发和生产过程看，其质量一致性是制约中药安全性、有效性的主要瓶颈，其质量优劣关联了制造业技术水平和新药产品研发水平。这一瓶颈问题的最终解决，需要在基础研究中明确或基本明确药效物质，需要依赖于中药新药研发与制药技术有机而合理的对接。有机而合理的对接需要做到：在研发过程中，要科学而全面地表征药效物质成分，合理取舍药效物质和非药效物质，设计与工业制备技术水平协调一致的工艺路线，建立和制定包括过程控制在内的质控指标和质量标准；在制药过程中，要关联整个新药研究、中试和生产环节，把实验室技术在保证质量一致的前提下转移到制药生产全过程中，要利用和提升工业制药技术，建立和制定质量控制策略和体系，实现数字制药等。只有这样，才能生产出有效、安全和质量可控的中药产品，实现中药制造业的跨越式发展，进而为中药冲出国门走向世界铺平道路。

二、六味地黄苷糖片的临床前研究

自 1995 年以来，我们在国家自然科学基金项目、"九五"国家"攀登计划"预选项目和国家"973"项目的资助下，对六味地黄汤发挥药效的物质基础和作用原理开展了系统的基础研究和开发应用研究，取得了大量研究成果（图 1）。综合来看,六味地黄汤的药效与其对神经内分泌免疫调节(NIM)网络的作用密切相关。随后,我们采用活性导向下的追踪分离研究方法,药理活性评价与化学分离同步进行,追踪寻找活性部位、活性组分,进而得到活性成分并鉴定其化学结构,同时,对获得的活性部位、组分和成分进行了进一步药理和药效确认和机理研究。主要药效成分追踪分离实验结果的分析表明,六味地黄汤中与药效活性相关的主要成分有三类,即多糖、寡糖类和糖苷类化合物,这三类成分构成了六味地黄汤的三个有效部位。同时,我们也申请并获得了相关部位的制备及医药用途的国家发明专利。

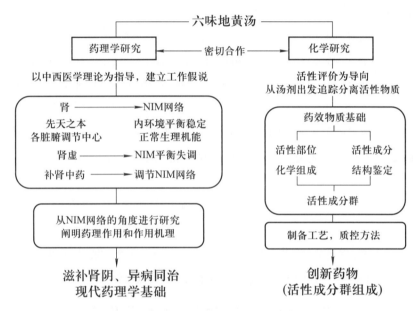

图1　六味地黄汤药效物质基础研究及新药开发思路示意图

NIM,神经内分泌免疫调节

　　基于以上活性追踪分离和评价结果,设计了有效部位制备工艺。我们设计该工艺的主导思想是尽最大可能除去单糖、水不溶多糖和残渣;最大限度保留水溶性多糖类、寡糖类和以环烯醚萜苷为主的糖苷类活性成分;对于目前尚未进行系统研究,而文献资料表明与药效有潜在联系的成分则予以保留;切忌单纯追求活性成分的高含量,而忽视药效的保持和稳定。这在经典方剂改造中是十分重要的,因为对这样有多方面药理作用和药效的经典方剂来说,活性成分绝不仅仅限于这几类。最后,也是很重要的一点是,充分考虑和兼顾实验室工艺路线与中试和工业化生产的对接,到有关企业做必要的前期调研。

　　按照该工艺流程,经过初步优化,证明此工艺路线可以最大限度地保留活性成分、相对简便易行、产品收率稳定。我们按此初步优化的工艺,进行了11批次的放大量制备,得到了多糖、苷类和寡糖三个部位和它们之间的相对稳定的比例关系。最后，以此工艺路线为基础，通过制备工艺和分析方法的系统研究，建立了规范化的有效部位制备方法，得到了化学组成基本清楚且稳定、可控的三个有效部位。同时，利用现代分析手段对活性部位的化学组成进行了研究，比较清晰地阐明了活性部位的化学成分。

在质量研究方面，由于六味地黄苷糖原料药是在传统六味地黄汤基础上，结合现代药理学、药效学活性评价，经现代分离技术提取纯化而获得，考虑到六味地黄苷糖原料药提取纯化工艺、片剂制备工艺以及质量标准的可靠性、有效性及可操作性，我们研究和制定了六味地黄苷糖原料药的质量标准。由活性成分群构成的创新中药六味地黄苷糖在质量控制方面有以下特点：

（1）含量控制是针对三个活性部位中的主要活性成分，较现有六味地黄制剂以指标成分为含量控制指标的质量控制方法更能保证产品的质量；

（2）建立了原料药和制剂的指纹图谱，可以更全面地对除主要活性成分外的大多数成分进行更进一步的质量控制，提高了鉴别的可靠性和科学性；

（3）对各药材建立了针对多糖得率和主要糖组成的初步质量控制方法；对含主要活性成分的药材建立了以成分含量为指标的质控方法；

（4）对原料药中的重金属进行了检查控制；对苯、甲苯、二甲苯、苯乙烯和二乙烯苯等七种有机溶剂残留量及大孔树脂残留物进行了检查，保证了该药的安全性；

（5）建立了针对本品中果糖和葡萄糖的限量检查，保证了糖类有效成分含量测定能真实反映活性成分的含量，从而保证产品的有效性。

三、六味地黄苷糖片的中试生产

中试生产主要解决工艺和质量控制两大方面问题。

在工艺方面，主要解决工艺开发和大生产之间的技术转移问题。按照质量源于设计（QbD）理念，产品的质量不是靠最终的检测来实现的，而是通过工艺设计出来的，这就要求我们在生产过程中对工艺过程进行"实时质量保证"，保证工艺的每个步骤的输出都是符合质量要求的。其"不断改进"文化，要求对工艺有足够的理解，如果工艺发生了某种变更，就可以判断这种变更是不是在建立的设计空间之内。如果在"设计空间"内，就不需要对工艺的变更进行重新申请注册。同时，"实时质量保证"要求在工艺开发的过程中确定关键工艺参数，并充分理解关键工艺参数的形成及其与产品关键质量属性的关系，即关键工艺参数是如何影响产品关键质量属性的。

以一个实例来简要展示和说明我们从小试到中试，最后到生产规模的过滤工艺和设备的适应性对接。在糖类制备过程中，需要用乙醇沉淀法除去水不溶解的大分子多糖等成分。沉淀过滤这一工艺过程,在实验室是采用小试规模的台式离心机过滤,在进行工艺中试和生产过程对接时必然要涉及从小试规模的台式离心机过滤到中试规模的管式离心机过滤,最后到生产规模的槽式离心机过滤的技术和设备的顺应性对接。表1显示的是三个规模的各三批中间体的相关质量数据。这些数据表明,在工艺放大过程中,在保证药物质量属性一致的前提下,在不改变主体工艺的同时,通过设备的适用性和研究,完成了工艺放大研究和技术及设备的顺应性对接,达到了生产过程质量控制的要求。

表 1　各不同规模乙醇沉淀工艺的相关质量数据

规模	批号	相关质量指标				
		干膏率*	糖苷 A 转移率*	糖苷 B 转移率*	糖苷 C 转移率*	寡糖 转移率*
小试	110301	31.49%	86.41%	90.10%	89.72%	96.14%
	110315	31.34%	89.45%	92.82%	88.09%	98.15%
	110330	31.48%	85.40%	89.62%	90.01%	96.06%
中试	111001	32.08%	82.34%	85.68%	88.08%	95.09%
	111101	30.09%	87.38%	92.47%	88.28%	96.72%
	111201	31.53%	83.35%	89.36%	86.30%	96.82%
生产	120601	29.51%	89.01%	83.88%	90.83%	83.40%
	130301	30.12%	88.62%	94.63%	88.28%	97.71%
	130901	32.46%	82.80%	88.29%	93.57%	96.22%

注:*均为相对于药材的得率或转移率。

在质量控制方面,需要在以往基础上丰富和完善质控内容,建立适宜的内控质量标准,保障制剂的质量稳定性。对质量控制的丰富和完善仍是基于药效物质基础研究和药效部位筛选并以活性成分为控制指标。在这一过程中,我们继续进行了相关药材、提取物及制剂的质量标准研究工作及生产过程质量控制的补充和完善。以下从药材、原料药和制剂三个方面简单介绍我们完善质量控制的内容,体现了中药新药研究中临床前研究要与中试生产进行合理而有效的对接。

药材:药材各批次质量一致性是保证产品质量稳定的关键。由于我们在基础研究中比较明确地阐明了主要活性成分,研究较深入,而2010年版《中国药典》一部中对药材中成分的控制内容相对较少，故结合产品特点，我们制订了药材内控质量标准。主要增加了药材的指纹图谱控制项；增加了药材的活性成分控制，并严格控制了上下限；同时，药材的浸出物是评价药材质量的重要指标之一，为保证本产品的质量均一性，我们也增加了对药材浸出物的限量控制，严格控制了六个单味药材的浸出物范围，保证了药材的批间一致性。

原料药：设定指标时充分考虑工艺过程的合理性及可控性，通过指标成分的含量指标控制其有效成分的转移，通过限量指标控制工艺过程的可操作性。

制剂：控制多个有效成分溶出度；限定指纹图谱，使供试品指纹图谱与对照指纹图谱的相似度不得低于 0.85；控制多个有效成分的含量并规定上下限，等等。

通过原药材内控质量标准研究，建立了符合本品生产需要的内控质量标准；利用指纹图谱技术，严格控制原药材质量，控制原料药生产过程的质量，从而保障了制剂的质量稳定性。

四、现代中药制药技术展望

在药效物质基础方面，我们应该系统、全面地研究中药品种的药效物质基础，从而明确质控指标，建立质控体系，这是开展中药制药技术研究和发展的核心基础。在质量表征和控制新技术及方法上，应该针对中药产品的化学本质是多组分和多成分的特征，完善和建立新的质量表征和控制技术是中药质量控制的研究方向。在新的中药制药设备的研制中，鉴于中药产品和原料药材的多组分及多成分存在着关联关系，要求在提取、过滤、浓缩和纯化等一系列制药过程中要不同程度地稳定这种关联关系，因此，适应这种要求的新中药制药设备的研制至关重要。在全程质量控制技术方面，要综合利用在线检测技术、软测量技术、自动控制技术及统计过程控制技术，对生产过程主要工艺参数进行在线测量，建立整个制药过程的实时控制，是生产过程平稳和可控的重要保证。同时，智能自适应、柔性可扩充、服务弹性化的中药生产过程知识管理系统，对中药制造过程海量的工艺、质量和精确自动化控制等生产数据进行无纸化、信息化管理，是实现数字化制造的必要途径。运用大数据、工业互联网及云计算技术，解决制药信息处理、信息解释、信息利用、知识发现与管理等关键技术问题，实现优质、保量、低耗、高效能智慧制药，是中药制药转型升级的必然趋势。

总的来说，我们认为中药药效物质基础研究在开展中药制药技术研究和发展，以及在有效质量控制中具有核心基础作用和地位，全程质量控制技术的研究、完善和发展是保证生产过程平稳和质量可控的重要条件，而数字化制造技术的集成是实现数字化制造的必要途径，大数据、工业互联网及云计算技术的运用，是未来中药制药转型升级的必然趋势。

张永祥 医学、药学双博士,博士生导师,研究员,军事医学科学院科技委员会常务副主任。

1982年毕业于青岛医学院医疗系,留青岛医学院药理学教研室任教;1986年考入军事医学科学院毒物药物研究所攻读药理学硕士、博士研究生,1991年获博士学位,留该所工作。1992年赴日本东京大学药学部从事客座研究,1996年获日本东京大学药学博士学位。

担任国务院学位委员会学科评议组(药学)成员,国家"重大新药创制"重大专项总体组成员兼中药责任专家组副组长,国际药理学联合会(IUPHAR)执委会委员兼天然药物药理学分会主席,中国药理学会副理事长兼秘书长,中国药学会常务理事以及《中国药理学与毒理学杂志》主编等职。

主要从事药理学研究、新药研究开发以及医药发展战略研究。先后承担国家自然科学基金项目、国家"863""973"以及"重大新药创制"重大专项等科研项目;参加国家医药发展战略研究,作为主要执笔人先后参加了《国家中长期科学和技术发展规划纲要(2006-2020)》、国家"重大新药创制"科技重大专项实施方案及实施计划等编制工作。曾获军队科学技术进步奖二等奖、北京市科学技术进步奖二等奖、军队教学成果奖一等奖各1项;发表学术论文270余篇,主编专著6部,主译专著1部。为中国人民政治协商会议第十二届全国委员会委员。

中药药效物质基础研究新模式
——中药等效成分群研究

李 萍

中国药科大学 天然药物活性组分与药效国家重点实验室

一、引 言

中药复方具有多成分、多靶点的作用特色。阐明中药复方的药效物质及整合作用模式，是中药质量控制、创新中药研发和大品种技术升级改造的重要基础，对中药的现代化和国际化具有重要意义。众所周知，中药是"多成分混合物"，中药复方所体现出的整体药效是多个成分间多维度交互作用的结果，如何能够阐明哪些成分的组合能代表其整体疗效，以及这些成分是如何作用的，一直是困扰中药复方药效物质基础研究的核心科学问题。现今主流的"活性导向分离/高通量筛选"等药效物质研究方法取得了长足的进展，但其仍难以揭示中药复方整体作用特点。

为此，本课题组提出"在整体中解析部分（拿出来），由部分回归整体（放回去），系统与还原并重"的中药复方药效物质研究思路，通过评估成分（群）对中药复方整体药效的贡献，寻找能基本达到原方整体药效的成分组合，从而发现中药复方药效物质基础。并据此提出中药复方"等效成分群"工作假说，即中药复方含有众多成分，但对特定病症而言，并不是所有成分都起效，存在着一组能够基本代表原方疗效的成分组合，它们交互作用于疾病发生发展过程的关键节点/靶标/通路，整体协调发挥药效，我们称该成分组合为"等效成分群"（bioactive equivalent combinatorial components, BECCs）。

等效成分群具有以下几个特征：① 能够真正反映中药复方的起效模式，其中所有成分都遵循其在原方中的含量和比例；②"等效成分群"不是绝对的，其具有一定相对性，针对特定的病症选择药效金指标，进而确定相对应的等效成分群；③"等效成分群"可被视作一个整体，作为药效标示成分，开展中药复方成分—药效关联的质量控制模式研究；④"等效成分群"可作为创新中药的先导组合，对其成分含量与比例进一步整合优化，实现中药复方"基于原方、高于原方"

的创新研发。

在进行中药复方等效成分群研究时,需要解决四个关键问题:① 解析中药复方的化学物质基础,② 选择符合中药复方临床病证的药理评价模型,③ 发现代表中药复方药效的等效成分群,④ 评价等效成分群间的交互作用,探索配伍规律。

二、化学成分解析

明确中药复方化学成分组成及其体内代谢规律是其等效成分群发现的必要前提。其难点在于:中药成分复杂无序、体内代谢产物结构多样、理化性质迥异等。针对这些难题,我们建立了中药复杂成分群及其体内代谢产物群的系列分析方法,高效、快速发现中药复杂体系的体内外化学成分群。如"质谱诊断离子匹配策略"通过提炼不同类别化合物的特征裂解规律及诊断碎片离子,确定成分群共有亚结构,将无序的复杂质谱数据转换成有序的成分网络,提高未知成分的鉴定效率;"代谢物匹配策略"实现原型成分与代谢网络快速匹配,为生物体内中药复杂成分及其代谢处置研究提供了高效和具有普适性的方法;"酶解定量策略"突破了复杂体系成分标准品缺乏的难题,可以实现对中药复方化学成分进行绝对定量这一目标。

三、药理模型选择

在明确中药复方化学成分的基础上,选择适宜的药理评价模型是等效成分群发现的根本保障。中药复方是前人在千百年临床实践的基础上,通过对中药复方的组成、剂量、配伍和适应证等的考察,在万千例临床样本的基础上摸索、调整、优化而获得的宝贵产物,以往的研究经验(经典中医药古籍,从前辈流传下来的用药经验等)对指导其现代临床用药是一笔重大财富。为了评价中药复方药效,在选择药理模型时,应充分考虑现代药理学和传统中医药理论之间的共性与差异,选择与复方主治病症相对应的多层次体外、体内药理模型,以对应病证的药效"金指标"作为评价依据,进行综合的药效考察。在考察中药复方药效时,应时刻谨记动物、细胞模型与临床疾病模型之间仍存在一定的差异。在实验设计时要充分考虑到这种差异,针对特定的疾病选择合适的药理模型,在得出关键性的实验结论时一定要谨慎。

四、等效成分群发现

在中药复方全成分得到表征及其特征性活性评价模型建立完备后,我们如何发现该复方中针对其适应证的等效成分群呢?本课题组建立了具有普适性的

"等效成分群迭代反馈筛选策略"（图1），依据化学成分的靶标亲和力、化学结构、极性、含量等标准选择候选等效成分群，在获得的"候选成分群"基础上，利用化学成分（群）定向敲除/捕获的技术手段对"候选成分群"中的成分进行定向敲除，比较"候选成分群"敲除前后其整体药效的变化，评估"候选成分群"对整体药效的贡献，同时评价剩余部分的活性，正反验证，经过多轮迭代筛选与生物等效性评价，从众多成分中发现基本能代表原方药效的等效成分群。该策略是在复方整体化学成分（包括基质背景）的基础上，保持中药复方中各成分含量的原始比例，可以做到对该成分群在原复方整体中工作状态的真实还原，区别于目前的"成分分离-活性测试"或"活性导向分离"的研究模式；在整体理念的基础上，基于生物等效性概念，利用双单侧 t 检验对中药药效等效性进行评价；利用敲除/捕获的技术手段，考察各成分（群）与中药整体的活性差异，评估"部分"对"整体"的贡献，直至发现能表征原中药复方药效的"等效成分群"。

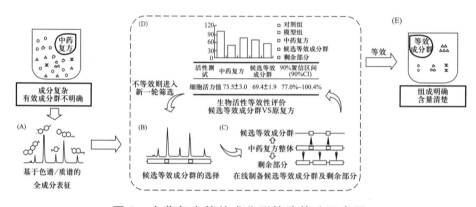

图1　中药复方等效成分群筛选策略示意图

（A）基于色谱、质谱等分析技术对中药复方进行全成分表征；（B）候选等效成分群的选择；（C）在线制备候选等效成分群和剩余部分；（D）候选等效成分群的活性测试和等效性评价；（B）—（D）三个步骤构成一个迭代循环，如不等效则重新选择候选等效成分群，进入下一循环；（E）发现可代表原方活性的等效成分群。

五、交互作用评价

中药复方等效成分群整合作用研究，是一个十分复杂的命题。我们提出可以根据其化学成分的理化性质、药效活性等指标，分层次逐级研究成分间的整合作用，并结合数理统计等方法评判其作用模式。即在中药多成分之间可能存在着"同类相需、异类协同、多类整合"的作用模式。当"等效成分群"中成分个数较少（$n<5$）时，可利用"化学成分敲除/捕获"技术，评估不同成分组合的作用模式；而当"等效成分群"中成分个数较多（$n>5$）时，即需从同类到异类、从单类到多类分层次阐明成分间的作用关系。

　　中药复方药效物质基础研究是中药走向世界面临的关键问题之一，"等效成分群"研究模式为其提供了新的思路，开拓了新的途径，相信随着药物学科的不断发展，多学科手段的不断介入，中药药效物质研究必将迎来一个质的突破。

　　李　萍　博士，教授，博士生导师，现任中国药科大学天然药物活性组分与药效国家重点实验室主任。是国家自然科学基金委员会创新研究群体学术带头人，国家杰出青年基金获得者，教育部长江学者特聘教授，全国百篇优秀博士学位论文指导教师，全国优秀科技工作者。担任 *Journal of Chromatography B*、*Journal of Pharmaceutical and Biomedical Analysis*、*American Journal of Chinese Medicines*、《中国天然药物》《药学学报》等期刊编委。兼任中国人民政治协商会议第十二届全国委员会委员，国家药典委员会委员，美国 USPHMC 东亚专家组成员等。

　　长期从事中药活性成分群发现与质量控制研究，作为课题负责人承担了国家自然科学基金委创新研究群体科学基金、国家杰出青年基金、"十一五""十二五"国家"重大新药创制"科技重大专项等课题。已在 *Natural Product Reports*、*Trac-Trends in Analytical Chemistry*、*Chemical Communications*，*Green Chemistry*、*Journal of Chromatography A* 等期刊上发表 SCI 论文 277 篇。主编《生药学》《中药分析学》《现代生药学》《中华人民共和国药典中药材显微鉴别彩色图鉴》等著作，获授权发明专利 19 项。主持的"基于中医药特点的中药体内外药效物质组生物/化学集成表征新方法"项目获得国家科学技术进步奖二等奖（第一完成人，2009），"中药有效成分群发现与质量评价研究"获教育部自然科学奖一等奖（第一完成人，2013），"基于整体观的中药复杂体系效应物质基础研究方法建立及应用"获教育部自然科学奖一等奖（第一完成人，2007）。

生物药质量标准关键技术研究进展

王军志

中国食品药品检定研究院

一、引　　言

生物药产业是我国面向 21 世纪的高技术产业,于 2012 年被列入我国 7 大战略性新兴产业。以作用划分,生物药主要包括治疗用的基因工程药和预防用的各类疫苗;按种类划分,生物药包括疫苗、抗体、细胞因子、重组酶、细胞和基因治疗药等。生物药在疾病的防控和治疗中发挥越来越重要的作用。目前,全球已上市的生物药产品有近 200 个,此外尚有针对 100 余种疾病的近千种药物处于临床研究的不同阶段。2014 年全球医药市场销售额前 10 名的药物中,有 6 种为生物药。近年来,我国生物药工业产值年增长率保持在 20% 以上,已批准上市87 种生物药,尚有 200 余种各类生物药处于研发和审批的不同阶段。

二、监管科学

生物药大分子结构复杂、活性多样,质量评价关键技术研究是保障其安全有效、质量可控的先决条件。近年来世界卫生组织(WHO)等国际机构日益重视生物药质量控制技术研究,为促进创新药物快速发展,提出“Regulatory Science”(监管科学)理念。监管科学是在药物整个生命周期中评价其质量、安全性和有效性的科学,是监管决策的基础,其内容包括基础和应用生物医学科学(如微生物学、遗传学、药理学、生物统计学),临床试验方法,流行病学和社会科学(如决策科学、风险评估和沟通)等。监管科学研究的目的旨在开发新的工具、标准和方法,评估药物的安全性、有效性、质量和性能,在药物的整个生命周期中,特别是药物从研发实验室到临床应用的转化中,发挥着关键的不可替代的作用。在重大新药创制“生物技术药物质量标准和质量控制技术平台”等国家科技项目支持下,通过多年努力建立了与国际接轨的生物药质量评价技术体系,并成功应用于恩度(重组人血管内皮抑制素注射液)、甲型 H1N1 疫苗、EV71 疫苗、埃博拉疫苗等 50 余种一类新药的质量评价,保障了创新药安全、有效,促进了新药研发进程。

三、生物药质量评价研究实例

1. EV71 疫苗的质量评价研究

手足口病在全球 16 个国家流行,中国最为严重,90% 以上的重症和死亡病例是由 EV71 病毒引起,该病毒也被称为后脊髓灰质炎时代最危险的噬神经毒性肠道病毒,疫苗是防控疫情最为有效的手段,为此,国家设立了专项课题联合攻关研制疫苗。与一般药物不同,EV71 疫苗主要是用于健康人,特别是 5 岁以下婴幼儿的大规模接种。在没有国际先例参考的情况下,如何保证这一全新疫苗的安全有效,是其质量评价研究面临的重要挑战。

为此,在国家课题支持下,开展了系统的 EV71 疫苗质量评价技术研究,以解决各企业疫苗研发面临的共同难题。首先,毒株选择决定疫苗研发成败。通过对 10 个候选株进行基因特性和免疫原性的比较研究,筛选出交叉保护能力强的毒株并确定为企业生产用毒株,从源头保证了疫苗的有效性;在国际上率先建立了 EV71 抗原和抗体标准品,保障了疫苗定量和临床免疫原性评价的准确性。并受 WHO 委托,组织国际协作标定,将 EV71 中和抗体国家标准品升级为国际标准品,成为首个由我国主持研制的生物药国际标准品,为全球 EV71 疫苗的研发提供了统一的标尺;在临床研究中,建立多重质控血清等免疫原性评价关键技术,应用于Ⅰ、Ⅱ期临床样本评价,证明了疫苗具有良好的免疫原性,并确定了Ⅲ期临床的免疫程序和剂量。建立并优化 EV71 感染病例确认的技术路线,应用于Ⅲ期临床样本的评价,最终确定了疫苗保护率达 90% 以上。为疫苗的批准上市提供了关键的技术依据。此外,将结构生物学技术应用于疫苗的质量研究,研究证明了 EV71 存在空实心两种不同的结构,并且实心结构免疫原性高于空心结构,为疫苗的标准提升和工艺优化提供了科学依据。

EV71 疫苗的系统质量评价研究,保证了其安全有效,实现了这一全新疫苗研发的高标准,整体提高了我国创新疫苗的研发水平。该研究被 WHO 全球疫苗监管科学规划列为成功范例,研究成果成为我国制定《预防性疫苗临床前研究技术指导原则》的重要技术依据。

2. 埃博拉疫苗的质量评价研究

为应对埃博拉疫情,我国学者自主研发了以 5 型腺病毒为载体的埃博拉疫苗,即在 5 型腺病毒基因组中插入埃博拉病毒的抗原基因构建的活载体疫苗,并制备成冻干制剂。在该疫苗的临床前质量评价中,借鉴前期研究建立的 5 型腺病毒基因治疗制剂的质量评价体系,对载体进行了鉴别、病毒颗粒数和感染滴度、纯度、残留物质等质量评价，并根据其抗原基因特性，对细胞免疫和体液免疫效果开展了综合评价，为快速开展该创新疫苗的临床研究发挥了重要作用。

3. 单克隆抗体 Fc 段羟乙酰神经氨酸的免疫原性研究

单克隆抗体（简称单抗）一般由哺乳动物细胞表达，绝大多数单抗只在重链的大约 297 位的谷氨酰胺位点具有固定的 N-糖修饰（西妥昔单抗在 Fab 上还有一个 N-糖修饰），糖基化对单抗药物 Fc 效应功能的发挥、稳定性和免疫原性等均具有重要的影响。

上市的单抗药物 40% 以上由小鼠骨髓瘤细胞所表达（包括 SP2/0 和 NS0 细胞），而小鼠骨髓瘤细胞所表达的蛋白其 N-糖末端通常含有两种非人源化单糖即 Neu5Gc（羟乙酰神经氨酸，唾液酸的一种）和 α-gal（α-1,3 半乳糖），而人体内则预存针对此两种非人源单糖的多克隆抗体。2008 年，《新英格兰医学杂志》报道，西妥昔单抗 Fab 上的 α-gal 可引起强烈的过敏副反应。2011 年，*Nat Biotechnol* 杂志报道，由于 Fc 段的空间位阻，单抗 Fc 上的 α-gal 并不能结合人体内预存的抗 α-gal。另外，2010 年 *Nat Biotechnol* 杂志报道，西妥昔单抗 Fab 上的 Neu5Gc 可和抗 Neu5Gc 结合，并在小鼠试验中证明，体内的 Neu5Gc 抗体的存在可明显缩短西妥昔单抗的半衰期。而单抗 Fc 上的 Neu5Gc 是否能和抗 Neu5Gc 抗体结合则未有文献报道，由于绝大部分单抗只在 Fc 上具有 N-糖，所以此研究显得尤为重要。

该研究通过 ELISA、亲和层析、糖型分析、质谱、离子色谱、BIAcore、成像毛细管等电聚焦、CE-SDS 等分析技术手段证明，只有单抗 Fc 上含有两个或两个以上 Neu5Gc 时，才能和抗 Neu5Gc 抗体结合。一般来说，单抗 Fc 上所含的唾液酸含量较低，比如若含有 0.1 mol/L 的 Neu5Gc，含有两个或两个以上 Neu5Gc 单抗的比例为 1%。由于 Neu5Gc 可以和体内的抗 Neu5Gc 抗体结合形成免疫复合物，引起炎症反应或（和）降低单抗的半衰期，所以对 Neu5Gc 的质控比较重要。本研究证明，控制 Fc 上含有两个或两个以上 Neu5Gc 单抗的比例十分重要，由此为单抗 Neu5Gc 的质控提供了理论依据。

四、我国生物药质量标准国际话语权

在生物药质量研究领域的系列研究成果，促使我国成为 WHO 生物制品标准化和评价合作中心的一员。WHO 生物制品合作中心是 WHO 认可的、具有高度合作机制的研究机构，是国际合作研究网络的一部分，为 WHO 提供战略支持，其主要职责是制（修）订生物药国际标准和相关技术指南。成为这个中心一员标志着我国跨入了国际生物药标准引领者的行列，改变了我国作为最大的疫苗生产国和使用国,却只能被动跟随国际标准的局面。同时,为国产生物药走向世界、参与国际竞争创造了先决条件。2014 年,*Nature* 发表了题为"Health care:Strict vaccine quality control in China"的文章,向世界表明中国疫苗质量控制能力跻身国际前沿。

五、生物药监管科学研究面临的挑战

生物药的质量评价是一种"量体裁衣"式的研究,需要针对不同生物药的特性,围绕保证安全、有效和质量可控开展。过去的几十年,生物药经历了结构上由简单到复杂、种类上由少到多的巨大变化,在这个过程中,由于细胞生物学、分子生物学、微生物学等基础学科的发展,人们对生物药关键质量属性的认识也在不断与时俱进。由此,与之相应的生物药质量评价技术也不断朝着高技术、协同性、系统性和精准化的方向快速发展,逐渐形成了一个多学科交叉的重要学术领域。

在国家"十一五""十二五""重大新药创制"等重大课题的支持下,我国已产生并酝酿了一批生物药创新品种。在"十三五"的持续支持下,大量创新品种必将不断涌现并最终化蛹成蝶。比如抗体方面,有抗体偶联药物、双功能抗体、抗体融合蛋白等;在疫苗方面,有联合疫苗、基因工程疫苗、治疗性疫苗等。此外,一些新的技术,如 CAR-T 技术、CRISPR 基因编辑技术也必将渗透入创新药研发。针对这些创新品种和创新技术,如何开展评价研究以保证其安全、有效并促进其产业化是我们一直面临的挑战。然而,正如"问题与解决问题的方法是相继产生的",这一挑战必将极大地促进生物药质量评价技术的发展,我们应当在充分理解创新产品质量属性的基础上,围绕方法学、标准物质和质量标准开展系统研究。同时,质量评价的研究成果可作为国家制定相关法规和指导原则的技术依据,为同类产品的研发提供广泛技术指导,最终形成生物药产业发展的良性循环。

王军志　现任中国食品药品检定研究院副院长，生物制品检定首席专家、研究员。主要学术任职包括WHO 生物制品标准化和评价合作中心（中国）主任，WHO 生物制品标准化专家委员会委员，美国药典会生物制品分析专业委员会委员、国家药典委员会生物技术专业委员会主任委员，"重大新药创制"科技重大专项总体专家组责任专家等。

　　1977 年考入兰州医学院，先后获学士和硕士学位，1993 年获得日本三重大学博士学位。长期从事生物药质量控制和安全评价关键技术研究，先后主持了"863""重大新药创制"等 16 项国家级课题，研究成果整体上提高了我国生物药质量控制及安全保障能力。以第一或通讯作者发表论文 172 篇，包括在 *NEJM*、*Lancet*、*Nature* 等期刊发表的 SCI 收录论文 66 篇；获发明专利授权 8 项。主编《生物技术药物研究开发和质量控制》等 3 部专著。获国家科学技术进步奖二等奖 3 项，国家技术发明奖二等奖 1 项。先后获中华预防医学会公共卫生与预防医学发展贡献奖、白求恩奖章、全国优秀科技工作者等荣誉。

专题四

药理学

大数据时代，从临床实践中发现中医
"核心处方"的思考与实践

刘保延[1]　　**周雪忠**[2]　　**张润顺**[3]

1 中国中医科学院
2 北京交通大学
3 中国中医科学院广安门医院

一、引　言

大数据（big data, mega data），或称巨量资料，指的是需要新处理模式才能具有更强的决策力、洞察力和流程优化能力的海量、高增长率和多样化的信息资产。大数据、互联网在改变着我们的生活、工作、服务模式、技术体系、研究方式、思维方式、价值观、世界观-科研范式。个性化是大数据的终极应用；个性化技术与大数据技术是未来的两大技术方向。中医是一门实践医学，多数临床新理论、新知识均来源于实践，并通过临床实践加以验证。中医临床实践丰富而复杂，形成了临床大数据，它是形成中医创新理论的基础，也是发现新的有效药物的源泉。

二、中医临床诊疗个体化诊疗实践是中医核心处方及新药发现的基础

就中医药的新药研发而言，绝大多数新药来自于临床实践中产生的有效处方，这些处方都是经过多年的临床积累，在临床中反复试验、观察总结后凝练形成，而后进入新药研发阶段。通常是老中医拟出一个处方进行开发，基本代表了医师的经验积累和原创性。本文就如何利用信息化技术，在临床实践中收集诊疗信息，作为新药研发的基础，这是基于当今大数据时代和计算机信息技术飞速发展为前提的一种思路和方法。

中医是一个辨证论治个体化的医疗体系，每一次诊疗都是对某一个体进行的系统诊疗，根据患者自身的变化进行辨证和制定治疗决策，每次诊疗都具有一定的创新，当创新的知识达到一定程度并相对稳定后，会出现一个比较稳定的处

方,逐渐形成新药的雏形。那么,在这种个体化的诊疗当中有没有规律可循,能不能找到核心处方?为此我们做了一个试验。我们先后选了 10 名失眠症患者作为研究对象,在同一时间,依次找 3 名老中医给他们看病,要求每位中医专家在临床诊疗过程中详细记录他们望闻问切的信息,并独立辨证开出处方;每个患者都看 3 次,获得 3 个处方,我们随机给患者一个老中医开的药方口服,一周后来复诊。复诊时,首先由研究小组的人员对患者进行疗效评估,评估之后再依次请 3 位老中医辨证并开出处方,让患者继续服用上一次随机确定的老中医的处方。如此反复,一共治疗 4 周,停药后随访 4 周,最后评估总的疗效。在整个研究过程中,每位医生都不知道哪位患者服用的是他开的处方,患者也不知道他服用的是哪位专家的处方,而评估者也不知道每个患者服用的方药。这样避免了人为因素造成的偏倚。运用项目组开发的临床科研信息共享系统进行数据录入和分析,通过对 3 个老中医的辨证特点、处方疗效进行分析,发现对同一个患者,3 个老中医的辨证不尽相同,有的以痰热为主,有的以血瘀为主,但是根据匹兹堡睡眠质量指数量表的评估,3 个医生的治疗效果无显著差异。

　　上述的研究虽然只有 30 例次,10 个患者;尽管 3 个老中医的辨证重点不一样,用药不一样,但他们开出的处方的疗效相当。这就是我们经常说的"同一个患者多位医生看,能开出多个方子,但是疗效差不多。"由此可以看到,3 个老中医各自有自己的处方和个性化的治疗,那么他们各自用药有没有规律性呢?我们进一步研究发现,每个医生都有自己的一套体系,每个人都有自己的"核心处方",其中的规律是可以发现的,是可以找到"核心处方"的。那么,3 个医生有没有共同的用药?答案是肯定的。我们进一步研究发现,有 7 味药被 3 个医生使用的频次很多。也就是说同一个患者,由不同的医生看,从他们开出的处方也能找到一些共同的药物配伍。

　　以上事实说明,即使是个体化很强的中医实践,发现有效的核心处方或新药是完全可能的。

三、基于中医临床诊疗个体化诊疗实践发现新药的技术平台

　　在中药新药的研发过程中,作为一个新药处方,应该具备 7 个方面的特征,即符合中医理论、病证明确、安全有效、处方精炼、配伍明确、药量恒定、适应人群明确。根据这样的特征我们进一步回溯分析,"有效方药"实际上是先有一个"核心处方",经过辨证加减使用,逐渐形成一个协定处方,再以此为基础,进一步形成固定处方,转化为院内制剂,最后形成中药新药处方。在这个过程中如何发现"核心处方"和加减变化的规律,是研究的重点内容之一。要把"核心处方"找出来,用既往的研究思路比较困难,需要一种新的思路和模式来实现,因此,我

们提出要用真实世界的研究方法和技术平台进行研究，要对原来基于小样本的随机化研究进行调整，要用复杂范式的思路进行研究。有关中医临床科研的范式与思路（图1），文章发表于《中医杂志》[1]。

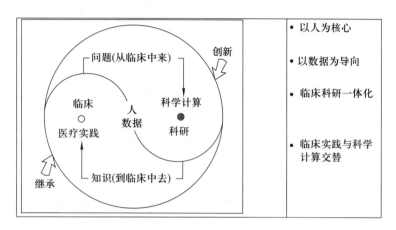

图1　中医真实世界临床科研范式——复杂范式示意图

中医临床研究的过程实质是信息转换的过程，首先要获取大量的数据，进一步根据医学知识理解这些数据，使其变成信息、变成知识，最后变成决策。在这个信息转化的过程中，关键的问题是能否把临床的实践数据化。在具体研究中，一方面是解决数据化问题；另一方面，临床诊疗信息数据化后，要解决对海量数据的管理和分析，找到核心规律性的问题。自2001年以来，我们一直致力于上述领域的研究，开发了中医临床科研信息共享系统（图2）[2]。这个系统主要涉及临床数据的采集和数据仓库两大主要功能（图3），包括6大方面的内容：一是数字化的临床术语应用体系[3]，二是数据采集系统，三是临床数据前处理系统，四是临床数据模型和数据仓库[4]，五是数据统计和分析挖掘系统[5]，六是信息查询和展示系统。利用这样一个体系来收集日常临床门诊患者和住院患者的诊疗信息，建立起数据仓库，进一步建立分析模型，进而挖掘新的知识，如有效核心处方等。到目前为止，全国已有20多家医院应用这套系统采集数据，已有几十万的病例数据供研究和分析。

四、从临床实践中发现有效核心处方的研究实践

在"核心处方"的发现研究中，要紧紧抓住"证-治-效"相关的模型，从临床表现，到疾病诊断、证候诊断，到药物的配伍和疗效的评估，形成一个流程化的分析技术体系。在这个基础上，根据中药新药有效"核心处方"发现的需求，建立"核心处方"发现专用的系统平台，建立了4种中医药临床复杂网络的分析方法（图4），主要的依据是无尺度网络等复杂网络研究成果。根据中医药的特点，临

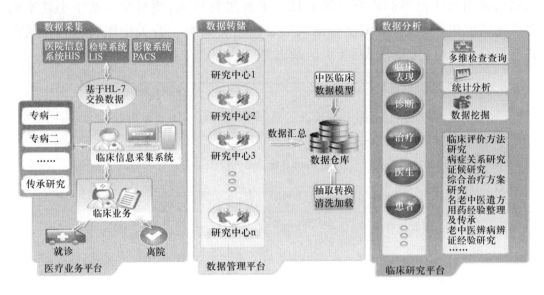

图 2　中医临床科研信息共享系统架构图

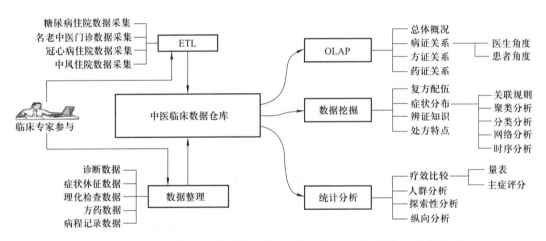

图 3　发现中医"核心处方"的技术支撑平台——中医临床数据仓库

床处方中药配伍网络具有多层模块的特性,有一个主网络,下面还有多层的子网络,主网络就是它的"核心处方"。为此,需要把大量的临床数据收集起来,找到"核心处方",找到药物相关配伍的规律。

　　本项目还建立了两阶段评价有效核心处方药物配伍的方法。本法从临床实际出发,"人机结合",首先采集并整理某老中医的所有诊疗数据,通过数据分析找到针对某一特定人群的核心药物网络,通过比较药物的有效性,筛选形成有效药物集合[6];然后,找到这些药物相关的临床适应人群;之后,再和老中医一起进行讨论,对数据挖掘结果进行确认。通过这样的方法在临床中反复

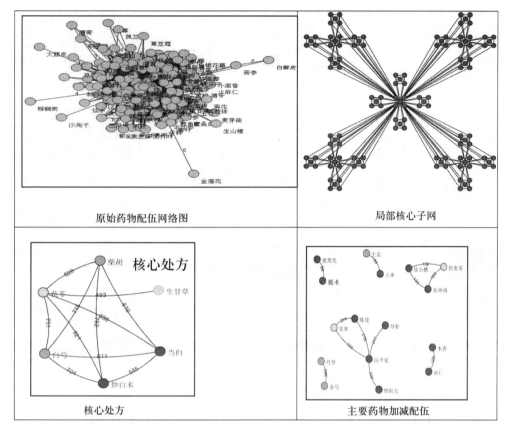

图 4　复杂网络分析方法——多层核心子网分析方法发现有效核心处方

探索,找到核心药物配伍,之后再进行临床验证,最后形成有效处方。我们专门研发了进行临床有效处方筛选的数据分析平台。复杂网络分析模型如有效药物子网分析方法和混淆因素鉴别等数据挖掘方法已经固化在该分析平台中。详见图 5 所示。

目前,我们已经完成对 40 多位老中医的经验传承分析,对 5 种疾病进行了多年的跟踪分析,比如失眠"核心处方"的发现,对 1200 多例患者、4000 多诊次进行跟踪分析,以此为基础,对药物之间的配伍规律进行研究,发现有 3 层网络,分析每一层网络的核心药物及剂量、药物之间的配伍关系,药物如何与适应人群进行最优对应等,同时用多因子降维的方法[7]进一步提炼有效配伍。

例如,对一位治疗发热有专长的名老中医,我们进行了新药发现的探索性研究[8]。目的是研究该专家治疗发热有没有"核心处方",处方是怎么加减变化的。首先对相关病种的临床实际数据进行全面收集,课题组从医院信息系统中导出该专家数年诊治的临床病例,包括共计 9584 个处方,进行初步的分析,发现该名医的处方最小的药味是 4 味,最大的可以达到 20 味。所治疗的病证种类繁

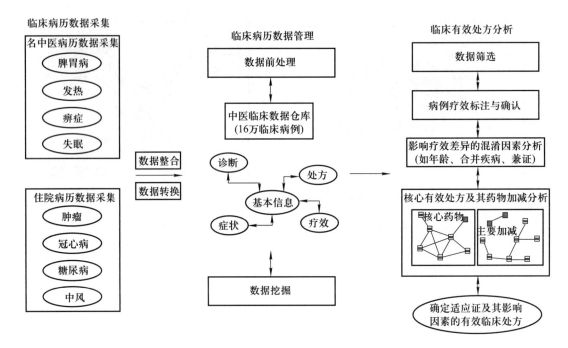

图5　人机结合,从定性到定量的中医核心处方发现系统

多,所治疗的发热涉及的疾病不仅有感冒,还有肺炎、肿瘤和自身免疫病等。从患者年龄看,介于1岁到92岁之间。对每一个病例进行两次评估,研究每一诊次的疗效,区分针对发热的有效及无效病例,之后,采用复杂网络分析方法找到"核心处方"(图6)。研究发现,其有效处方以小柴胡汤、升降散、银翘散等处方为主,结合药物配伍关系,形成"核心处方",命名为"宣透解毒饮",之后进行了该有效核心处方的适应证、药物常用剂量、剂型(如颗粒、汤剂)、禁忌证等研究。并对该新药转化为院内制剂进行了有益的探索。

综上,通过十余年、二十余家单位的应用研究及成果转化探索,已积累了可观的病例数据,方法及平台基本成熟,希望能够在大量临床实际数据中发现更多的有效核心处方,开展系统规范的研究,形成更多成果,并进行成果转化。期望中医临床大数据,能够为中药新药药效和药理研究奠定基础,让中医临床科研信息共享系统、中医核心处方发现系统为今后新药的研发做出更大的贡献。

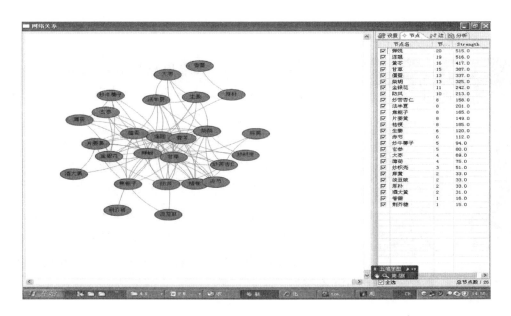

图 6　宣透解毒饮核心处方复杂网络图

参考文献

[1] 刘保延. 真实世界的中医临床研究范式. 中医杂志,2013, 54(6): 451-454.

[2] 刘保延,周雪忠,李平,等. 个体诊疗临床科研信息一体化平台. 中国数字医学, 2007, 2(6): 31-36.

[3] 周霞继,谢琪,刘保延,等. 中医医疗与临床科研信息共享系统——《中医临床术语字典》的构建. 中国数字医学, 2016, 11(1): 103-105.

[4] 周雪忠,刘保延,姚乃礼,等. 中医临床数据库及挖掘分析平台的研究与应用探讨. 世界科学技术——中医药现代化, 2007, 9(4): 74-80.

[5] Zhou XZ, Chen SB, Liu BY, et al. Development of traditional Chinese medicine clinical data warehouse for medical knowledge discovery and decision support. Artif Intell Med, 2010,48 (2-3):139-152.

[6] Du N, Zhou X, Zhang R. Multiscale backbone based network comparison algorithm for effective herbal interaction analysis//4th International Conference on Biomedical Engineering and Informatics, BMEI 2011,Shanghai, Oct 2011,Vol.4:1757-1762.

[7] Zhou XZ, Poon J, Zhang RS, et al, Novel two-stage analytic approach in extraction of strong herb-herb interactions in TCM clinical treatment of insomnia//Second International Conference,ICMB 2010,Hong Kong,China,June 2010. Proceedings. Medical Biometrics, Vol. 6165: 258-267.

[8] 孔维莲,徐丽丽,薛燕星,等. 基于复杂网络的薛伯寿教授临床处方用药规律分析研究. 世界科学技术——中医药现代化, 2017, 19(1): 55-62.

刘保延　1955 年生，中国中医科学院首席研究员，国际欧亚科学院院士，现任中国中医科学院中医药数据中心主任，国家中医药管理局临床评价方法重点研究室主任，中国针灸学会会长，世界针灸学会联合会主席，《中国针灸》杂志主编，《世界科学技术——中医药现代化》《中医杂志》《中医药管理杂志》等杂志副主编，以及世界卫生组织传统医学顾问。长期从事中医临床评价方法的研究，主持国家级研究项目 20 余项。获得国家科学技术进步奖二等奖 2 项；发表学术论文 200 余篇。

小檗碱

蒋建东

中国医学科学院 北京协和医学院
药物研究所

小檗碱(berberine，BBR;盐酸小檗碱,分子质量 371.8 Da)是从植物中提取的生物碱,用于治疗细菌性腹泻,临床安全性好, 在我国是常用的非处方药物。研究发现,BBR 口服进入血液后通过多靶点的信号网络调控产生降血脂、降血糖,效果显著,安全性好,并在临床被广泛证实和使用。本文主要阐述小檗碱的分子和化学机理,尤其是在肠道吸收的机制。

我们首次发现 BBR 通过激活细胞的 ERK 通路, 作用于低密度脂蛋白受体(LDLR)基因的 mRNA 3'UTR 区域内 5'端的 4 个位点序列(包含 4 个 UCAU 序列的片段),稳定 LDLR mRNA,从而增加细胞表面 LDLR 蛋白的表达,使肝细胞清除胆固醇的功能增加。高血脂金色仓鼠体内实验证明了 BBR 通过该机理发挥降血脂的作用。BBR 作用于 LDLR 转录后水平,而他汀类降脂药物通过抑制 HMG-CoAR 减少胆固醇的合成,二者的机理完全不同。由此,我们发现了一个新的降血脂信号通路和药物作用靶点。临床研究证实了这一结论,口服 BBR 3 个月可使高血脂病人的胆固醇、甘油三酯、低密度脂蛋白下降 20% ~ 35%,纠正脂肪肝,无肝肾副作用。

通过对 BBR 降甘油三酯机理的研究,我们又发现 BBR 在肝细胞内还同时作用于胞内的蛋白激酶 C(PKC)的亚型 PKD1,2,3,使 PKD1 分子上 916 位丝氨酸的磷酸化增加,提高 PKD 活性,然后激活下游通路上的胰岛素受体(InsR)的启动子序列(1.5 kb),增加 InsR 基因的转录,使细胞表面 InsR 表达上升,胰岛素敏感性增加,葡萄糖消耗量上升,并产生降糖作用,其机理不同于现用于 2 型糖尿病的降血糖药物罗格列酮类和二甲双胍。我们的研究表明,BBR 所激活的 ERK(降脂)及 PKD(降糖)两个信号通路之间没有明显的交叉传导。动物体内实验研究证实了上述结果。在临床,口服 BBR 可增加人体主要能量代谢相关组织(肝脏、肌肉等)的 InsR 表达,使 2 型糖尿病病人血糖、糖化血红蛋白和血中胰岛素水平下降 20% ~ 25%,胰岛素抵抗性下降。研究还表明,BBR 主要对 2 型糖尿病有效。此外,我们还证实 BBR 可以激活细胞 AMPK 通路,由此增强胰岛素受体下游的信号转导,促进葡萄糖的利用。

为了深入了解 BBR 药学作用的化学基础,我们又研究了 BBR 在体内的降解酶(CYP450)及代谢产物的生物活性。口服用药后小檗碱浓聚在肝、肾、肌肉等组织;我们确证了 BBR 进入人体后的 4 个主要 I 相代谢产物:小檗红碱(berberrubine,M1)、唐松草酚定(thalifendine,M2)、2,3-去亚甲基小檗碱(demethyleneberberine,M3)和药根碱(jatrorrhizine,M4)。代谢产物生物活性研究显示,对于 LDLR 和 InsR 的表达,以及 APMK 的活性,M1,M2,M3 和 M4 均表现出一定的生物活性,但强度不及 BBR 母体本身。我们认为,BBR 进入人体后,其母体结构为临床药效的化学基础,并可与其代谢产物共同发挥降脂降糖的作用。

我们还研究了 BBR 降脂降糖作用的化学基础,逐个解析了 BBR 化学结构中 A、B、C、D 四个主环及其侧链对生物活性的影响,合成了 300 多个 BBR 衍生物,用于分析此类化合物上调 LDLR 或 InsR 基因表达的构效关系。研究表明:① C 环 7-位的季胺盐上的氮正离子是活性所必需的;② B 和 C 苯环保持芳香性的全顺结构(完整的双键)是活性所必需的,它可以使小檗碱的立体构型保持在平板状态;③ A 环的环氧环打开使其活性下降;④ 调整 D 环上甲氧基位置可以增加 BBR 的降血脂生物活性。

由于小檗碱的结构刚性很强,溶解度极低,如何在肠道吸收成为药物化学和药代动力学研究关注的问题。我们的研究表明,小檗碱进入肠道后与细菌相互作用,肠道细菌的硝基还原酶将小檗碱还原为二氢小檗碱。在这个过程中硝基还原酶中的辅酶 FMN 将两个 H 转到小檗碱的 C 环上形成二氢小檗碱。加入特异性的硝基还原酶抑制剂可以明显阻断小檗碱向二氢小檗碱的转化。由于二氢小檗碱与小檗碱相比结构有所软化,在肠道的吸收是小檗碱的 5~10 倍。硝基还原酶与肠道厌氧菌的能量代谢密切相关,在肠道菌中普遍存在,成为小檗碱肠道吸收的关键之一。小檗碱抗肠道菌的作用很弱,最低抑菌浓度(MIC)均在 128 μg/mL 以上,大多数在 512 μg/mL 以上,接近析出浓度;而二氢小檗碱抗菌作用更弱。对于肠道菌来说,转化小檗碱成为二氢小檗碱也是自身保护的一个化学手段。

二氢小檗碱进入肠壁组织后很快全部被氧化成小檗碱回到活性状态(平板状刚性立体结构),然后进入血液分布到各个组织。促使其被氧化的因素包括超氧离子、一些金属离子,以及单胺氧化酶等。抗氧化剂维生素 C 可以大幅减少二氢小檗碱向小檗碱的回变。从组织分布的情况看,小檗碱吸收入血液后主要分布在肝脏,其浓度是血液浓度的 30~50 倍;其次是肾脏和肌肉;在心脏和脑也有一定的浓度。口服抗生素 3 天预处理高血脂小鼠,可以使小鼠肠道内的菌落数大大下降,再给予小檗碱后其肠吸收明显减少,血液中的小檗碱浓度也显著低于没有用抗生素处理过的小鼠(不到对照组的 1/5)。相应的,在这种小鼠上小檗碱的降糖降脂效果也明显下降。这些实验证实了肠道菌在小檗碱吸收过程中的重要作用,也揭示了小檗碱肠道吸收的分子机制。这项结果为临床上药物联用方案的设计提供了参考。

　　我们深入阐明小檗碱降脂降糖作用的分子机理、化学基础和临床优势,目的是为进一步研发小檗碱提供基础的科学参考。

蒋建东　先后就读于南京医科大学、北京协和医学院,1988 年于复旦大学上海医学院毕业获医学博士学位,之后赴美国纽约大学西奈山医学院内科学习工作。1999 年回国在中国医学科学院工作,先后担任医药生物技术研究所所长、药物研究所所长、药物研究院院长及北京协和医学院药理学系主任。现任 *Acta Pharmaceutica Sinica* 主编。

　　主要研究抗感染药物,注重中国原创。主要贡献,一是发现我国抗菌药物小檗碱是很好的降血脂药物,阐述了它的药理作用、分子机制、化学基础以及临床优势,是我国原创药的重要标志之一;二是完成了多项抗感染药物研究的关键技术,并通过苦参素的抗肝炎病毒的机理研究建立了以宿主机制克服病毒耐药的理论。上述成果已应用于临床。曾获国家自然科学基金委杰出青年、教育部长江学者、香港"求是"科学基金优秀青年学者奖等。发表 SCI 论文 140 余篇,包括 *Nature Medicine*、*Cancer Cell*、*PNAS* 等期刊,被引 2800 余次,包括被 *Nature*、*Cell*、*Science*、*NEJM*、*Lancet* 等期刊引用。获发明专利 12 项、新药证书或临床批件 3 个,用于临床 2 项。负责牵头的抗感染团队先后获教育部"长江学者创新团队",国家自然科学基金委"创新群体"及"全国杰出专业技术先进集体"。抗感染药物关键技术研究获 2011 年国家科学技术进步奖二等奖(第一完成人),抗菌药物小檗碱降血脂研究获 2012 年国家自然科学奖二等奖(第一完成人)。培养的两位博士生获教育部全国百篇优秀博士论文奖。

心脑血管疾病防治新靶点的探索

苏定冯

海军军医大学药学院药理学教研室

新靶点的发现是源头创新药物研制的关键。长期以来,我们致力于对动脉压力感受性反射(arterial baroreflex, ABR)的研究,本文介绍我们最近几年的研究进展,着重于与 ABR 功能有关的药物作用新靶点的探索。

ABR 是心血管活动最重要的调节机制,ABR 功能缺陷导致血压波动性增高。血压波动性的研究有基础研究的属性,但我们希望我们的研究结果能够解决一些临床上的治疗问题,相当于现在说的转化医学。于是,我们把研究方向定位在血压的波动性与高血压的器官损伤。我们已知,高血压的危害在于并发症的发生,而并发症的发生是长期器官损伤的结果。血压水平越高,器官损伤越严重,但是血压波动性的病理学意义尚不明确,药理学干预的可能性也不清楚。针对这些问题,我们做了深入的研究。我们发现血压波动性与高血压的器官损伤关系非常密切,其重要性甚至超过了血压水平,单纯性的血压波动性增大即可导致器官损伤;阐明了高血压波动性导致器官损伤的机制;确定了降低血压波动性可以改善器官损伤;提出了降低血压波动性的具体措施,包括使用长效抗高血压药物、使用能够降低血压波动性的药物和多靶点联合用药(图 1)。2009 年该项目获得了国家自然科学奖二等奖。

我们发现 ABR 功能低下导致许多心脑血管疾病的预后不良,包括心肌梗死、心力衰竭、脑卒中、动脉粥样硬化、高血压的器官损伤、心律失常以及内毒素休克等。同时,我们用药物改善 ABR 功能,便能改善上述这些心脑血管疾病的预后。因此,我们提出改善 ABR 功能是心脑血管疾病防治的新策略,其中包含许多新靶点。

我们对一系列作用于心血管系统的药物进行了研究,发现改善 ABR 功能作用最强的是酮色林。酮色林是一种抗高血压药物,1988 年在欧洲上市。我们对酮色林的研究始于 1988 年。在动物实验中我们发现,酮色林能够改善各种原因引起的 ABR 功能低下。酮色林可以改善心肌梗死、内毒素休克的预后,减轻动脉粥样硬化,延缓脑卒中的发生,治疗心力衰竭。对酮色林的新用途,我们申请了一系列专利。作为先导化合物,我们合成了一系列的衍生物,进行优选。

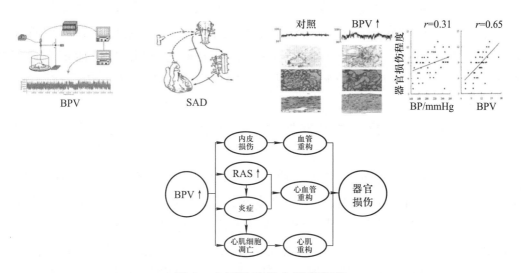

图 1　血压波动性与器官损伤

BPV:血压波动性;SAD:去窦弓神经手术;RAS:肾素-血管紧张素系统。

血压升高时 ABR 功能减退,药物降低血压后可使 ABR 功能改善,这是间接作用。而酮色林在不降低血压的剂量下,即可改善 ABR 功能,因此该作用是直接作用。ABR 是一个很复杂的反射弧,有五个环节,包括感受器、传入神经、中枢、传出神经和效应器。我们发现,酮色林改善 ABR 功能的主要环节在中枢,涉及的受体是 5-HT2A 受体,而与 α1 受体无关。

非药物治疗也可以改善 ABR 功能,方法很多,可归纳为以下三个方面:① 限制热量摄入。我们用有脑卒中倾向的自发性高血压大鼠(SHRSP)做实验,这些大鼠在出生后一年左右(雄性 9 个月,雌性 13 个月)即自发脑卒中,并且死亡。限制热量摄入采用减少 40% 的食物。结果发现限食能够非常显著地改善 ABR 功能,同时延缓脑卒中的发生。而如果把 ABR 功能破坏,则限食对脑卒中发生的延缓作用被大幅度地削弱;② 深慢呼吸。深慢呼吸能够增强 ABR 功能。其实,许多运动或活动如慢跑、走路、太极拳、气功、瑜伽、坐禅等,都有深慢呼吸。这些运动的保健作用与深慢呼吸、进而增强 ABR 功能有关;③ 刺激感受器。可以在颈部皮下埋植一个微型的刺激器,刺激 ABR 的感受器。可用于顽固性高血压的治疗。也可以采用体外的刺激器。

ABR 功能低下导致心脑血管疾病预后不良的分子机制是什么? 20 多年来这个问题一直困扰着该领域的学者。经过多年努力,我们课题组终于找到了答案:联结 ABR 功能与心血管疾病预后的关键分子是乙酰胆碱,关键受体是 α7 烟碱型乙酰胆碱受体(简称 α7 受体)。α7 受体是配体门控的离子通道受体,其结构为五个 α7 亚基组成的同源五聚体。α7 受体除了在神经系统包括神经元及不同的神经胶质细胞中表达比较丰富外,在外周的免疫细胞如巨噬细胞、白细胞、内皮细胞及上皮细胞中均有表达。刺激迷走神经对内毒素休克有保护作用,被称作胆碱能抗炎通路。大约十年前,证明胆碱能抗炎通路的关键点是 α7 受体。近年来研究发现乙酰胆碱与细胞膜上的 α7 受体结合后,除了有抗炎作用外,还有抗氧化应激和促进血管生成的作用。α7 受体的激活除了对炎症性疾病有重要的影响外,对一些神经退化性疾病的认知维持亦起重要的作用。

自主神经包括交感神经系统和迷走神经,受 ABR 调节。ABR 反射弧的传出部分包含了交感神经和迷走神经两个部分。在经典的压力反射敏感性(baroreflex sensitivity,BRS)测定中,我们的早期研究发现,迷走成分占 78%,而交感成分只占 22%。也就是说,通常讲的反射功能主要指其中的迷走成分。BRS 在出生后升高,成年期维持,到老年降低。同时,在许多心血管疾病中,如高血压、脑卒中、动脉粥样硬化、心力衰竭,以及糖尿病等,BRS 均降低。有趣的是,降低的都是迷走成分,而交感成分基本不变。

神经活动分反射性活动和紧张性活动。就迷走神经而言,上述 BRS 中的迷走成分即指反射性活动。而紧张性活动是持续存在的,迷走神经的紧张性活动通常用阿托品试验来检测。我们用去窦弓神经手术(sinoaortic denervation,SAD)破坏反射弧的感受器和传入神经,结果发现,不仅迷走神经的反射性活动消失,而且紧张性活动也大幅度减弱。表现为疑核(迷走神经的中枢主要核团)的紧张性电活动减弱,阿托品引起的心动过速减弱。进一步研究发现,SAD 使内源性递质乙酰胆碱减少(检测的是囊泡乙酰胆碱转运体,VAChT)。近年来的研究发现,除了神经系统外,乙酰胆碱及其受体还存在于非神经组织,或者没有迷走神经分布的组织。有趣的是,我们发现,SAD 使这些组织的 VAChT 也降低。

我们发现,激活 α7 受体后有四大作用:抗炎、抗细胞凋亡、抗氧化应激、促进血管新生。这些作用与改善 ABR 功能见到的作用完全重合。用 α7 受体阻断剂和基因敲除小鼠进行的系列研究确认了 α7 受体是心血管疾病防治的新靶点(图 2)。在我们实验室,一系列的 α7 受体激动剂正在合成和筛选。同时,对 α7 受体激活后的下游机制也进行了深入的研究(图 3)。

山莨菪碱是中国科学家 1965 年从茄科植物唐古特莨菪中提取出的生物碱,其人工合成品为 654-2。山莨菪碱用于治疗休克取得了很好的效果,但是其作用的分子机制还不清楚。我们实验室前期的研究发现了山莨菪碱通过阻断 M 胆碱受体,使体内更多的乙酰胆碱作用于巨噬细胞尼古丁 α7 受体,加强了乙酰胆碱对 α7 受体的激活作用。但是,临床上单独使用山莨菪碱存在用药剂量大、容易产生副作用的缺点。我们将山莨菪碱和新斯的明联合使用,协同激活胆碱

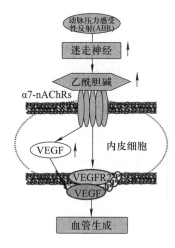

图2　ABR 对心肌梗死后血管生成的影响由 α7 受体介导

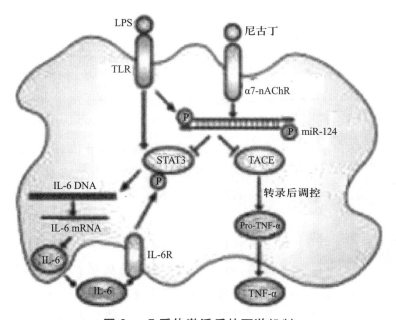

图3　α7 受体激活后的下游机制

能抗炎通路,以增强其疗效,降低其副作用。创制的新药取名新斯莨菪碱,可用于急性脑卒中和挤压综合征的救治。该新药已被国家药品审评中心受理,待批临床试验。

参考文献

1. Su DF,Miao CY. Reduction of blood pressure variability:a new strategy for the treatment of hypertension. Trends Pharmacol Sci,2005,26(8):388-390.

2. Miao CY, Xie HH, Zhan LS, et al. Blood pressure variability is more important than blood pressure level in determination of end-organ damage in rats. J Hypertens,2006,24(6)：1125-1135.

3. Li DJ, Evans RG, Yang ZW, et al. Dysfunction of cholinergic anti-inflammatory pathway mediates organ damage in hypertension. Hypertension,2011,57(2)：298-307.

4. Guo JM, Liu AJ, Zang P, et al. ALDH2 protects against stroke by clearing 4-HNE. Cell Res, 2013,23(7)：915-930.

5. Yu JG, Song SW, Shu H, et al. Baroreflex deficiency hampers angiogenesis after myocardial infarction via acetylcholine-α7-nicotinic ACh receptor in rats. Eur Heart J,2013,34(30)：2412-2420.

6. Sun Y, Li Q, Gui H, et al. MicroRNA-124 mediates the cholinergic anti-inflammatory action through inhibiting the production of pro-inflammatory cytokines. Cell Res,2013,23(11)：1270-1283.

苏定冯 1953 年出生，祖籍浙江三门。1979 年于第二军医大学（现海军军医大学）毕业并留校工作，1981 年考取出国研究生，1982—1986 年在法国取得博士学位，后在法国里昂第一大学任教（客座高级讲师）1 年。回国后于 1989 年 2 月被破格晋升为正教授，1992—2010 年任第二军医大学药理学教研室主任。

担任卫生部第六到第八版统编教材《药理学》副主编，国家电子书包《药理学》主编。2003—2012 年任《中国药理学报》副主编，2011 年起任 CNSNT 主编。

主要从事心血管疾病的药理学研究工作。重点研究高血压、脑卒中、血压波动性、动脉压力感受性反射等。担任"973"项目首席科学家，国家重点学科（药理学）学科带头人，教育部创新团队负责人，第二军医大学医学科学委员会伦理委员会主任委员。发表 SCI 期刊文章 169 篇，其中影响因子 5.0 以上 25 篇，10 以上 8 篇，SCI 引用总频次 2291 次。主编（含副主编）专著 23 部。申请到国家自然科学基金面上项目 7 项、重点项目 3 项，国家"973"课题 1 项，"863"课题 1 项。获国家自然科学奖二等奖、上海市科学技术进步奖一等奖、上海市自然科学奖二等奖、军队科学技术进步奖二等奖各 1 项，均为第一完成人。申请国家发明专利 20 项（其中授权 16 项），获新药证书 3 件。

　　2010 年被评为全国优秀科技工作者并获军队杰出专业技术人才奖。同年被选为法国药学科学院外籍院士,2014 年当选为法国医学科学院外籍院士。培养硕士研究生 58 名、博士研究生 49 名,其中一名学生的论文被评为全国优秀博士论文,一名获提名奖,另三名学生的博士论文被评为全军优秀博士论文。荣立军队二等功两次。

针对难治性、被忽视疾病的药物研发体会

左建平

中国科学院上海药物研究所

一、引 言

新药创制直接影响国家的人口健康、经济发展和社会进步,是构建和谐社会和可持续发展的重要保障,是化学、生命科学、数理科学、计算机信息科学等基础科学研究和技术发展的重要出口,也是我国医药新兴战略产业的核心支柱。近年来,发达国家新药研发和产出已经进入瓶颈,研发投入逐年增加,新药产出不尽如人意。国际医药界纷纷探索新的药物研发模式,个性化药物研发技术、基于大数据的药物研发方法和技术、药物研发转化技术等均引领药物研发的新模式。

中国科学院上海药物研究所是我国重要的创新药物研究基地之一,本研究团队瞄准难治性疾病,围绕自身免疫病和病毒感染性疾病开展治疗药物研究。所谓难治性疾病,究其根本,主要是发病原因不明确、发病机制不清楚、病症病理异常复杂,导致疾病治疗方向不明确、治疗效果不理想,主要体现在发病学说纷纭、作用靶点众多、支持药物研发的技术、评价手段和方法的缺失。我们注重免疫调节/抗病毒药物的发现、开发及评价的支撑能力建设,尤其是标准化、规范化、稳定性、可评价的疾病动物模型的建立、推广与普及。

二、自身免疫病病因不清,机制复杂,缺乏相关流行病学资料

自身免疫指免疫系统产生针对宿主自身抗原的自身抗体和致敏淋巴细胞的现象。一般情况下,自身免疫是生理性的。但是,在一定条件下免疫系统会对自身抗原产生病理性免疫应答,造成自身组织或器官的炎症损伤并影响其生理功能,导致自身免疫病(autoimmune disease)。随着对自身免疫病研究的深入,发现许多以前认为原因不明的疾病都与自身免疫有关。目前已知的自身免疫病多达80多种,包括大家熟知的类风湿关节炎(RA)、系统性红斑狼疮(SLE)、多发性硬化(EAE)、1型糖尿病等。自身免疫病对人体的损伤涉及各个组织和器官,发病率约占全球总人数的6%,且呈上升趋势,成为危害现代人类健康并造成重大社会负担的一类重要疾病。然而,有关自身免疫病的流行病学调查尚缺乏真实有

效的数据,现有的大部分数据已经过时或来自小样本。近年来,人们认识到,要弄清楚自身免疫病的发病机制及相关因素,并得到其准确的发病率和患病率数据,需要进行精心设计的、多学科交叉的、纵向深入的研究。

因此,针对自身免疫病的病因学研究显得尤为重要。自身免疫病的发生是多种因素综合作用的结果。其中免疫学因素是最直接的发病原因。首先,隐蔽抗原的"暴露"和自身抗原的改变均可打破机体原有的免疫耐受,从而引起自身免疫病;微生物中的某些糖链或蛋白质也可作为抗原或超抗原诱导自身免疫反应,导致自身免疫病的发生;T-B 细胞之间的旁路活化也可能通过活化自身抗原特异性 B 细胞从而增加自身免疫病的风险;淋巴细胞周期调控过程中的任何环节出错都可能引起多克隆淋巴细胞的非特异性活化,从而诱发自身免疫病,例如 SLE 动物模型 MRL/*lpr* 小鼠就是由于 FAS 基因缺失导致小鼠体内淋巴细胞显著增生从而产生自身免疫症状;中枢耐受不全及免疫调节紊乱均可导致自身免疫病的发生。另外,内分泌因素和环境因素也是自身免疫病的主要发病因素。例如,育龄期女性 SLE 的发病率明显高于同龄男性及老年女性,RA 患者体内雄激素及其代谢产物水平明显降低,寒冷、潮湿等环境因素与 RA 的发病密切相关,而紫外线的照射也与 SLE 的皮肤症状有关。自身免疫病还有一个重要的发病因素即遗传因素,自身免疫病的发生常有家族聚集倾向,而某些易感基因如 HLA 甚至成为临床判断 1 型糖尿病患病与否的生物标志物之一。

三、自身免疫病的临床难题:缺乏有效的治疗药物及生物标志物

自身免疫病的临床表现千差万别,但由于其发病的免疫机制相似,治疗原则也有一定的共性。常用的治疗方案除控制发病诱因之外,非特异性的免疫抑制是目前主要的治疗手段,主要以糖皮质类激素联合细胞毒药物治疗为主,副作用大。生物制剂是近十几年来免疫疾病领域最大的治疗进展之一——免疫生物制剂。目前,自身免疫病生物治疗方案中最成熟的当属针对细胞因子的免疫治疗。例如 TNF-α 单克隆抗体在 RA 中的应用以及 B 细胞刺激因子(BLyS)单克隆抗体药物对 SLE 患者的治疗。虽然该类药物显示较为理想的治疗作用,但由于其价格过于昂贵且对患者处于不同发病阶段及表征有一定的选择性,并没有获得临床的广泛应用。

同时,由于自身免疫病表现形式复杂多样且发病机制多不明确,临床上对自身免疫病的诊断、治疗及相关药物的研究也就十分困难。因此生物标志物(biomarker)的发现对自身免疫病的诊疗也就显得尤为重要。生物标志物不仅可从分子水平探讨自身免疫病的发病机制,而且在准确、敏感地评价早期、低水平的损害方面有着独特的优势,可提供早期预警,很大程度上为临床医生提供了辅助

诊断的依据。另外,生物标志物可有效监控疾病的发展状态(静止期或活动期)并为药物治疗提供一定的依据、指导和判断。

以 SLE 为例,生物标志物可用来反映 SLE 的病理过程及治疗状况,并可用于判断预后、展示疾病活动性及指导临床治疗。长期以来,抗 dsDNA 抗体、补体活性和免疫复合物等免疫学检测一直是 SLE 疾病活动性的经典标志。随着技术的进步和研究的深入,大量新的 SLE 相关的生物标志物开始出现,简述如下。

(1)基因水平标志物如细胞凋亡相关基因 FAS

SLE 模型小鼠 MRL/*lpr* 之所以具有与人类狼疮类似的症状正是由于 FAS 基因突变;又如 I 型干扰素基因,大量研究表明,SLE 患者体内 IFN 信号通路上的基因及相应的编码蛋白普遍上调,提示 IFN 信号增强是 SLE 的一个重要标志。

(2)细胞水平标志物如 B 淋巴细胞异常

多项研究发现,活动期 SLE 患者外周血 $CD5^+B1$ 细胞亚群的水平较非活动期 SLE 患者及正常对照组高,而 CD27 高表达浆细胞在活动性 SLE 患者中明显升高,并且 CD27 高表达浆细胞的数量和频率与 SLE 的活动性积分 SLEDAI 及抗 dsDNA 抗体滴度显著相关。

(3)血清水平标志物如血清 B 细胞活化因子(BAFF)

BAFF 是浆细胞长期存活所必需的细胞因子,SLE 患者血清中 BAFF 水平明显升高,并与抗 dsDNA 抗体的出现相关,可作为 SLE 疾病活动性的指标。

四、我们在自身免疫病治疗领域的部署及研究进展

自身免疫病发病机制复杂,临床表现多样,个体差异大。目前已有的治疗药物为非特异性的免疫抑制剂,毒副作用大,患者的生活质量显著下降。近年来,生物制剂的出现是免疫性疾病治疗的重要里程碑,但其主要的问题是作用靶点相对单一,尚无法满足所有患者的需求。因此,在临床上亟需多机制多靶点的治疗手段。另外,缺乏特异性的干预靶点和生物标志物体系,也极大地影响了自身免疫病的药物研发以及疾病的干预治疗。因此,系统深入解析自身免疫病的致病通路及其关键调控分子,为新药研发提供特异性的有效靶点,为临床诊治提供个性化的生物标志物,寻找具有新疗效机制的新型免疫抑制剂是全球医药界的研究热点。基于自身免疫病的复杂病理形成机制,我们注重免疫系统的"整体、动态、平衡"的特殊性,打造基于转化医学思路的多靶多途径药物的免疫相关药物研发国家平台,以发展个性化诊疗策略为目的,从自身免疫病发生的遗传背景、免疫炎症机制以及临床诊断和干预方法等多方面展开系统研究。在长达十余年针对自身免疫病治疗药物的研究工作中,我们认识到该类药物研发有其特殊的要求,既要针对自身免疫病形成的复杂机制进行免疫调节和干预,又要满足

长期使用的特性,必须具有低毒、高效的免疫抑制活性的新型免疫调节药物,这一崭新的研究思路拓展了运用免疫调节药物治疗自身免疫病的新策略。目前研究确立了数个具有自主知识产权的免疫抑制候选新药,在推进创新药物研发的同时开展了与其疗效作用密切相关的药理分子机制研究。基于自身免疫病形成的复杂病理机制,深入解析了这些候选新药产生免疫调节作用的分子机制,并进一步研究揭示了自身免疫病的产生是由于免疫系统多因素的异常变化,局部的精细调节和宏观网络的调控交织、多层次网络化的整体失调所致的复杂性疾病。以下简述三个候选新药。

（1）（5R）-5-羟基雷公藤内酯醇(LLDT-8),作为治疗类风湿性关节炎和系统性红斑狼疮的 1.1 类候选新药(雷藤舒),解决了多年来雷公藤"减毒增效"的难题,在 RA 病人的临床研究中已证明其良好的安全性和优异的疗效作用,即将进入Ⅲ期临床研究。

（2）马来酸蒿乙醚胺(SM934),一类水溶性青蒿素衍生物,具有良好的免疫调节活性,作为治疗系统性红斑狼疮的 1.1 类候选新药,已进入临床研究阶段。该具有自主知识产权的创新药物的研发,不仅拓展了青蒿素药物的新用途,而且对发挥我国青蒿素的资源优势,打造具有国际市场竞争力的青蒿素产业链具有积极意义。

（3）SAHH 酶靶向抑制剂(DZ2002),是国际上第一个作用于 SAHH 的免疫抑制活性化合物,作为治疗红斑狼疮的 1.1 类候选新药,即将完成候选新药的临床前研究。

左建平　中国科学院上海药物研究所研究员、免疫药理课题组长、药理一室主任,上海药物研究所学术委员会副主任,上海中医药大学兼职教授、免疫病毒研究室主任,兼任上海药理学会理事长,中国药理学会副秘书长,*Acta Pharmacologica Sinica* 副主编。

　　1983 年毕业于上海中医药大学医疗系,1994 年于日本大阪大学医学部获得医学博士学位,之后在该大学医学部从事博士后研究,任教务职员。1996 年 5 月赴美国国家癌症研究所实验免疫学分院(EIB/NCI/NIH)细胞介导免疫学研究室作为访问学者从事研究工作。1999 年入选中国科学院"百人计划",2000 年 8 月回国在上海药物研究所工作至今。

主要从事乙型肝炎、丙型肝炎、登革热、流感等病毒感染性疾病以及类风湿关节炎、系统性红斑狼疮等自身免疫病创新治疗药物的研究。先后承担了欧盟国际合作、国家自然科学基金委员会、科技部、中国科学院、上海市等的多项研究课题，建立了国际水准的免疫抑制和抗病毒药物研发平台，研究确立了一批原创性候选新药（化学药物 1.1 类）：雷藤舒（治疗类风湿关节炎）和异噻氟定（治疗乙型病毒性肝炎）候选新药正在开展临床研究；马来酸蒿乙醚胺（治疗红斑狼疮）候选新药已通过 CDE 评审，即将获得临床研究批文；另有 2 个候选新药正在开展全面的临床前研究。发表研究论文 100 余篇，已获中国、国际专利授权 50 余项。在历次的国家公共卫生事件中工作在科研一线，为应对突发性传染病应急攻关做出了一定的贡献。曾获国家科学技术进步奖二等奖、中国药学科技奖二等奖、上海市科学技术进步奖三等奖、上海药学科技奖一等奖（2 次）、全国防治非典型肺炎"优秀科技工作者"、全国归侨侨眷先进个人、上海市优秀学科带头人、上海领军人才等荣誉和称号。

创新中药药理研究方法，
探讨高效特色中药新药研制
——中药抗高血压药理及新药研究体会

吕圭源

浙江中医药大学药物研究所

一、引　　言

自 1996 年开展中药现代化科技产业行动以来，国家先后推出了"九五"攀登计划、"973"计划等一系列"中药现代化"研究计划，尤其是"十一五""十二五"期间国家启动了"重大新药创制"科技重大专项，大力提倡和鼓励运用现代科学技术方法开展中药研究。历经近 20 年，在中药的药效物质、作用机制、配伍原理等基础研究方面开展了大量的工作，并不断深入，取得了相当的创新性成果。但新药研发的效果并不理想，疗效显著的新药很少，2012—2014 年国家食品药品监督管理总局（CFDA）批准的中药新药每年仅 10 多个。究其原因，临床前的药效研究不够深入可能是主要障碍。中药现代化研究的根本目的是使中药在疾病治疗或养生保健中发挥更大的作用。完善和创立中药药效研究方法，加强中药药效研究，是提高中药疗效或展示中药特色的关键或重点。

二、中药的特点和优势

中药具有很多特点，如历史悠久、来源天然、辨证用药、成分复杂、机制不明、疗效独特、使用安全等。中药对很多疾病具有独特的疗效或治疗优势，如安宫牛黄丸治疗高热惊厥、神昏谵语，复方丹参滴丸（片）防治气滞血瘀型冠心病，克痢痧胶囊治疗泄泻和痧气等。化学药品（简称化药）治疗高血压不仅需多药联用、终身用药，且有不良反应；中药在控制高血压的发生发展和降低其并发症方面显示出一定的优势，民间已有中药治疗高血压一段时间后可停药的实例。中药在治疗病毒感染、免疫、妇科、骨伤等疾病均有独特的疗效或优势。中药可以改善高尿酸血症，但目前尚无合适的化学治疗药物。中药还具有显著的养生保健功能优势，不少中药材可以食用，多成分发挥作用，具有安全性优势。

中药治病按现代医学的疗效标准,不少药物疗效平平,特色不显;按现代医学的研究要求,绝大多数药效物质不清、作用机制不明;按产品的国际化看,离美国食品药品监督管理局(FDA)批准上市还有一定的距离;从公众的期望看,中药的责任和潜力非常巨大。如何发挥中药的特色优势、潜力,为人类健康做出更大的贡献,是中药研究的基本目标。

三、目前中药研究值得思考的问题

自开展中药现代化科技产业行动以来,研究的重点主要为阐明中药的药效物质和作用机制。充分应用现代技术分离鉴定化学成分,进行活性筛选或作用机制研究,希望找出作用靶点或发现新的作用靶点,找出活性化合物;或应用系统生物学技术研究中药对基因、蛋白或酶等的影响;或采用微透析技术测定脑脊液等组织中的中药化学成分;近年应用网络药理学技术来研究中药等。

不少学者采用先进的现代科学技术包括分子生物学、基因组学、代谢组学等,应用研究化药的思维方式去研究中药,但是效果并不显著。中西药理论是两个不同的理论体系,对药物和疾病的认识以及思维方式也不同,应用化药、天然药的研究方法研究中药、展示中药的特色优势并不可行。

中药的化学成分极为复杂,一味中药可能有几百甚至千个以上的化学成分(已证明烟叶含有3000多个不同的化合物)。这些不同的成分进入体内又会产生相互的作用,药物的传统功效与现代药物活性相关性很小。中药服用后产生传统功效,如白术"健脾益气"、夏枯草"清热泻火"、淫羊藿"补肾壮阳"等。目前现代药理学研究还缺乏公认的中医证候动物模型,还没有能确切表达功能的药效指标,药效物质又如何确定?若把发现具有活性的成分视为功效成分,又如何体现其在中药传统功效之间的相关性?若将其进一步研制成新药,开展深入的机制研究,将如何体现其在中医理论指导下治病的优势或特色?网络药理学研究方法,主要是对中药已知成分进行分析,目前尚不能排除网络外的未知成分不发挥功效;另外,存在数据库资料的可靠性或误差问题,以及作用靶点与中药功效相关性不明确等问题。

中药功效概括性强、作用面广,如补肾,中医肾的功能有"肾藏精,肾主纳气,肾主骨生髓,通于脑,肾主水"等。按现代医学认识的这些功效涉及内分泌系统、生殖系统、呼吸系统、神经系统及泌尿系统等,即中药的补肾功效可以涉及多个系统的功能调整或改变。要用现代医学的语言来表述对这么多系统作用的功能,选择哪些指标来体现如此复杂的功能是非常困难的,甚至可以说是不太可能的,因此,要搞清一个补肾药的药效物质相当困难,继续研究笼统的补肾作用机制更难以切入,现有研究成果也未能阐述补肾功能的本质。目前开展的中药药效物质或作用机制研究，实际上只是研究一个中药中与其某个药理作用相关的化学物质及其作用机制，与该中药的原有功效相差很远。

四、中药药理研究思路与方法创新

中药的优势在于疗效，与疗效最密切相关的是药效（作用）。药效研究是中药基础研究的关键环节，是评价中药新药成药性的关键指标。中药机制研究是另一个阶段的基础研究。中药药效必须达到足够强度才可能有临床应用价值，对有临床价值的药效进行进一步的机制研究，这样的机制研究才有实际意义。

中药研究的根本目的是提高疗效、展示特色，使中药在治疗疾病或养生保健中发挥更重要的作用。要提高疗效，就要把疗效强的中药复方、有效部位或有效成分筛选出来，首先要有合适的筛选技术或方法。评价疗效最好的方法是临床（人体）试验，中药研究开始阶段因受法规和伦理限制，基本无法开展临床试验，离人体试验最接近的是应用模型动物试验。中药疗效评价的关键技术包括适宜的疾病模型动物制备技术和系统的药效比较评价技术。采用药理方法系统地进行中药研究，创立新的方法，特别是建立特色模型动物，通过系统比较药理研究，从而提高疗效或展示优势特色。

1. 特色疾病模型制备

根据中医病因病机理论制备合适的模型动物，是开展高效特色中药研究的关键。根据人们在饮食、情绪、睡眠等方面的不良生活方式，模拟"饮食失节、七情内伤、起居无常、劳逸失度"等病因造模。

以中药抗高血压及相关疾病研究为例。针对高血压患者多伴有血脂、血糖、血黏度或血尿酸升高等，模拟"过度饮酒、过食肥甘、怒则气上"等人类不良生活方式，制备一系列的代谢性、情绪紧张性高血压模型动物。如通过喂食含高盐、高糖、高脂、高嘌呤等高能量饲料模拟"饮食失节"，制备19种代谢性高血压模型动物，其中5种为单因素、8种为双因素、6种为多因素造模。模型动物血压呈明显升高，且伴有血脂、血糖或尿酸升高等代谢异常，或伴有肝肾等功能损伤。该系列模型已申报6项国家发明专利，可用于抗代谢性高血压中药的药效研究。

另外，还建立了高血压肝阳上亢证模型大鼠，从整体、器官及血药成分等不同层次观察了平肝潜阳方与高血压肝阳上亢证的相应性，验证了模型动物，进一步揭示方证相应的科学内涵，为研制治疗肝阳上亢型高血压中药提供了新的方法。

2. 系统药效比较研究

系统药效比较研究包括主要药效研究、相关药效研究和部分作用机制研究等。

（1）主要药效比较：中药有明确的功效记载，为整体药理研究提供了信号，整体试验比细胞等离体试验的结果更可靠，可筛选出药效更强且特色明显的受试样品，为研发高效新药或中药临床应用提供基础。

（2）相关药效比较：中药成分复杂，药理作用广泛。如平肝潜阳中药，除具有降血压作用外，还有降血脂、降血黏度、改善微循环等药理作用，可显示中药多靶点作用且有利于降低高血压并发症的疗效优势。

（3）作用机制和药物代谢动力学比较：如高血压虽知道了不少病因，但其确切病因仍不太清楚，开展深入的作用靶点等系统的机制研究，如观察药物对淋巴、线粒体、血管内皮、胰岛素抵抗等的影响，有利于阐明其他的降压机制，有利于展示中药的优势。药动学研究可展示中药作用的可靠性等。

我们建立的代谢性高血压动物模型，采用动态血压、激光多普勒等测定技术，测定血压波动性、微循环血流等客观评价指标，将降压中药与化药一线降压药对高血压及相关药效进行了对比研究，发现降压中药在改善动物血脂异常及肝肾损伤等方面具有明显优势。建立了药效评价和机制研究的关键技术，形成了 46 个标准操作规程（SOP），构建了中药复方抗高血压药理学研究及药效学评价的关键技术平台。

五、高效特色中药研制探索

长期以来，以抗高血压中药为例，我们开展了较系统深入的研究，目前已研制成功并被国家食品药品监督管理总局（CFDA）批准生产新药一个，正在临床研究一个，尚在临床前研究一个。在我国，高血压的成人发病率约为 30%，其发病具有以轻中度为主、伴随症较多、并发症严重、作用机制复杂和需要终身用药等特点。研制降压作用可靠、适合轻症患者、改善伴随症、降低并发症且使用安全的中药新药，前景十分宽广。

（1）以当归为原料研制了降压中药"康脉心"，获得了新药证书、生产批文和专利证书。该产品具有降血压、降血黏度、调血脂等作用，这些综合作用有利于控制血压和减少高血压的并发症；作用机制为阻滞 Ca^{2+} 通道、拮抗 RAAS 系统、扩张小血管、改善微循环等多个环节。

（2）以夏枯草为主原料研制的中药新药"济脉通"，降压的同时还具有降低血压波动性，降低血脂、血糖、血黏度、血尿酸等药效特点；作用机制包括扩张血管、拮抗 RAAS 系统和 Ca^{2+} 通道、调节机体免疫、减少炎症因子、改善胰岛素抵抗、保护内皮细胞等,目前已获得国家临床批件,正在进行临床试验。

（3）在“济脉通”深入研究的基础上,发现其两个组分（蒙花苷和木犀草素）血药浓度高,合用降压作用优于单一组分,且具有降血脂、降血黏度等作用;其机制是抑制 RAAS 系统、调节血管收缩因子平衡如 ET/NO 等。该组分中药降压药效明确,机制较清楚,使中药抗高血压研究又有新的深入。

（4）在抗高血压中药新药研究的基础上,我们完成了一个六类降尿酸中药新药的临床前研究,并已上报 CFDA 审批。同时,开始了一个五类降尿酸中药的新药研究,已完成工艺、药效等临床前工作;找到一个降脂作用强于洛伐他汀且能明显升高高密度脂蛋白（HDL）的新化合物,正在按中药一类新药开展深入研究。

中药具有在中医理论指导下应用、成分极为复杂、机制不清楚且短时间难以搞清的特点。因此,开展中药研究应考虑以下几个问题:中药研究的目的是什么,是解决应用问题还是解决理论问题;什么问题必须尽早解决,什么问题可以慢点解决;什么问题目前有可能解决,什么问题目前尚不可能解决,或者没有必要尽快解决,可以做长远计划,逐步实施;什么是最先进的技术,什么是最适合的技术;什么是最高水平和最领先的成果（最解决问题的成果才是最需要的）,等等。

根据上述分析,我们认为中药研究可分阶段实施,选重点进行突破。中药研究的最终目的是提高疗效或展示特色,提高其应用价值。可将中药分为应用层面和理论层面进行研究,先解决应用问题,即先尽力研制作用强或治疗特色明显的药物。然后逐步研究药效物质和作用机制,提高理论水平。根据中药的特点,创新建立并应用与临床评价最接近的药效研究方法,如建立能反映中药特色且与病人的临床体征更接近的模型动物,应用这些模型动物对相应中药进行药效筛选和强度比较等研究,并必须进行多次重复试验,以保证研究结果可靠,从而得到具有足够强度又有明显特色的中药样品,以此为基础,进一步开展规范深入的新药临床前研究,则有可能获得具有高效特色的中药新药。因此,创新中药药理研究方法,是研制高效特色中药和提高中药新药研发成功率的关键或重要内容。

吕圭源　教授，博士生导师，浙江中医药大学药物研究所所长。中央组织部掌握联系专家，全国优秀教师，全国优秀科技工作者，国务院特殊津贴专家，浙江省有突出贡献中青年专家。国家中医药管理局中药药理重点学科带头人和三级重点实验室主任，浙江省 151 重点资助人才和省重中之重学科带头人。

兼任中国中西医结合学会中药专业委员会主任委员，中国药理学会常务理事（中药药理分会副主任委员／补益药理分会副主任委员），世界中医药学会联合会中药分会副会长，海峡两岸医药卫生交流协会中医药专家委员会副主任委员，中华中医药学会理事，浙江省中医药学会副会长及中药分会主任委员，浙江省药理学会副会长及中药药理分会主任委员，浙江省营养学会副理事长，浙江省保健食品标准委员会副主任委员；国家科技奖评审专家，国家食品药品监督管理总局新药和保健食品评审专家，国家食品药品监督管理总局保健食品安全风险评估专门委员会专家，国家重大科技专项评审专家，中华医学会、中华中医药学会、中国中西医结合学会科学技术进步奖评审专家。《中国现代应用药学》《中草药》《中药药理与临床》副主编，《中国中药杂志》等 6 个期刊常务编委、编委。

从事心血管中药药理研究与新产品开发。主持国家重大新药创制专项、"973" 计划、"863" 计划、国家自然科学基金重大研究计划、国家科技支撑计划、浙江省重大科技攻关等课题 20 多项。研制了符合国际高血压治疗新目标的中药新药，创立了抗高血压中药研发关键技术，成果获国家科学技术进步奖二等奖、浙江省科技奖一等奖等共 29 项；申请国家发明专利 23 项。主持研发抗高血压、抗高尿酸血症、抗高血脂、抗脂肪肝等中药新药，获国家新药证书及临床批件 4 个，开发中药新产品 9 个。作为中药学学科带头人，从申请省重点扶持学科发展为省重中之重学科；带头申请并获中药学博士点；创立全国首个中药（新产品）开发专业；主编全国首部大型专著《中药新产品开发学》，主编 4 版国家级规划教材《药理学》，发表学术论文 300 多篇；注重教书育人，突出言传身教，为高校、医院及企业等培养中药学博士生 22 名、硕士生 91 名、博士后出站 2 名。

后　记

　　科学技术是第一生产力。纵观历史,人类文明的每一次进步都是由重大科学发现和技术革命所引领和支撑的。进入 21 世纪,科学技术日益成为经济社会发展的主要驱动力。我们国家的发展必须以科学发展为主题,以加快转变经济发展方式为主线。而实现科学发展、加快转变经济发展方式,最根本的是要依靠科技的力量,最关键的是要大幅提高自主创新能力。党的十八大报告特别强调,科技创新是提高社会生产力和综合国力的重要支撑,必须摆在国家发展全局的核心位置,提出了实施"创新驱动发展战略"。

　　面对未来发展之重任,中国工程院将进一步加强国家工程科技思想库的建设,充分发挥院士和优秀专家的集体智慧,以前瞻性、战略性、宏观性思维开展学术交流与研讨,为国家战略决策提供科学思想和系统方案,以科学咨询支持科学决策,以科学决策引领科学发展。

　　中国工程院历来重视对前沿热点问题的研究及其与工程实践应用的结合。自 2000 年元月,中国工程院创办了中国工程科技论坛,旨在搭建学术性交流平台,组织院士专家就工程科技领域的热点、难点、重点问题聚而论道。十余年来,中国工程科技论坛以灵活多样的组织形式、和谐宽松的学术氛围,打造了一个百花齐放、百家争鸣的学术交流平台,在活跃学术思想、引领学科发展、服务科学决策等方面发挥着积极作用。

　　中国工程科技论坛已成为中国工程院乃至中国工程科技界的品牌学术活动。中国工程院学术与出版委员会将论坛有关报告汇编成书陆续出版,愿以此为实现美丽中国的永续发展贡献出自己的力量。

中国工程院